Christian-D. Schönwiese

Klimawandel kompakt

Ein globales Problem wissenschaftlich erklärt

3. aktualisierte Auflage

Mit 34 Abbildungen und 11 Tabellen

Borntraeger • Stuttgart 2020

Schönwiese: Klimawandel kompakt
Ein globales Problem wissenschaftlich erklärt

Prof. Dr. Christian-D. Schönwiese
Goethe-Universität
Institut für Atmosphäre und Umwelt
Postfach 11 19 32
60054 Frankfurt a.M.

Gerne nehmen wir Hinweise zum Inhalt und Bemerkungen zu diesem Buch entgegen:
editors@schweizerbart.de

Abb. auf der Umschlagvorderseite: Entwicklung des Rhônegletschers zwischen 1860 und 1970. Mit freundlicher Genehmigung von Professor Martin Funk, ETH Zürich.

3. Auflage: Borntraeger, 2020
2. Auflage: Borntraeger, 2019
1. Auflage: Borntraeger, 2019

ISBN 978-3-443-01169-7
Information on this title: www.borntraeger-cramer.de/9783443011697

Verlag: Gebr. Borntraeger Verlagsbuchhandlung, Johannesstr. 3A, 70176 Stuttgart, Germany
mail@schweizerbart.de
www.borntraeger-cramer.de

♾ Gedruckt auf alterungsbeständigem Papier nach ISO 9706-1994
Satz und Herstellung: Gebr. Borntraeger Verlagsbuchhandlung, Stuttgart
Printed in Germany by Gulde Druck, Tübingen

Vorwort zur 3. Auflage

Es freut mich sehr, dass dank der sehr interessierten und aufgeschlossenen Aufnahme dieses Buchs nun schon die 3. Auflage erscheinen kann. Nachdem ich mich in der 2. Auflage (Spätherbst 2019) im Wesentlichen auf Korrekturen und formale Präzisierungen beschränkt habe, ist die vorliegende 3. Auflage gründlich überarbeitet, insbesondere aber umfassend aktualisiert und somit auf den neuesten Stand gebracht. Sowohl hier als auch schon hinsichtlich der 2. Auflage danke ich meinen Lesern, Rezensenten und Kollegen sehr für hilfreiche Verbesserungsvorschläge sowie sonstige Hinweise und Anmerkungen. Die Kooperation mit dem Borntraeger-Verlag war wiederum hervorragend, wobei ich besonders Herrn Dr. Nägele und Frau Zeusche hervorheben möchte. Ich hoffe, dass dieses Buch weiterhin möglichst vielen Interessierten und Engagierten als umfassende und doch kompakte Basis für streng wissenschaftliche und aktuelle Information dienen kann; denn trotz vieler anderer Probleme wie zur Zeit die Corona-Epidemie darf das Problem des Klimawandels nicht aus den Augen verloren werden. Im Gegenteil: Es wird immer wichtiger, ganz besonders auch dann, wenn wir nicht bald wesentlich entschlossener als bisher mit sinnvollen und wirksamen Maßnahmen reagieren.

Frankfurt a.M./Oberursel, im Juni 2020
Christian-Dietrich Schönwiese

Vorwort zur 1. Auflage

Warum ist der Klimawandel nicht nur ein heißes Diskussionsthema in der Wissenschaft, sondern auch in der Öffentlichkeit? Die Antwort auf diese Frage ist offensichtlich: Zum einen ist die Menschheit fatal von der Gunst des Klimas abhängig. Das zeigen uns nicht nur die unwirtlichen Hitze- und Kältewüsten der Erde, sondern auch Extremereignisse in unserer gemäßigten Klimazone wie Hitzewellen, Dürren und Starkniederschläge. Es kann uns daher nicht gleichgültig sein, was mit unserem Klima geschieht. Zum zweiten nimmt die Menschheit immer mehr Einfluss auf das Klima. Daraus erwächst uns eine besondere Verantwortung, und das ganz besonders auch für unsere Kinder und viele weitere künftige Generationen. Dieser Verantwortung müssen wir uns stellen und entsprechend handeln.

Doch die Voraussetzung dafür ist, dass jeder von uns den Klimawandel wenigstens in den wichtigsten Aspekten kennt und versteht. Dabei ist es meines Erachtens eminent wichtig, sich nicht auf den anthropogenen, also von der Menschheit verursachten Klimawandel zu beschränken, sondern alles zu beleuchten, was seit der Entstehung der Erde bedeutsam ist; denn je nach zeitlicher und räumlicher Größenordnung sind die Ursache-Wirkung-Mechanismen sehr unterschiedlich. Und selbst im Anthropozän bzw. Industriezeitalter, in dem die Menschheit zweifellos immer mehr die Natur und das Klima beeinflusst, steht der anthropogene Klimawandel in Konkurrenz zu natürlichen Vorgängen, die es immer gegeben hat und auch in Zukunft immer geben wird. So habe ich schon 1979 mein erstes populärwissenschaftliches Buch zum Gesamtthema „Klimaschwankungen" geschrieben[111]. Auf den anthropogenen Klimawandel hat allerdings schon lange vor mir der schwedische Physikochemiker Svante Arrhenius hingewiesen (1896)[2].

Zudem verlangt das Thema Klimawandel Sachlichkeit. Emotionen und Kraftausdrücke sind hier fehl am Platz (vgl. dazu meinen Beitrag „Zwischen Katastrophe und Schwindel – Anmerkungen zur Klimadebatte", Universitas, 1997[113]). Dieser guten Tradition, im Kontext mit der überaus zahlreichen seriösen Fachliteratur, fühle ich mich auch hier verpflichtet. Daher versuche ich in diesem Buch, möglichst kurz, aber informativ und auf streng wissenschaftlicher Basis, den Klimawandel als Gesamtproblem vorzustellen und verständlich zu machen. Dazu gehört auch die Tatsache, dass der anthropogene Klimawandel „nur" quantitativ unsicher ist, aber nicht prinzipiell. Wer seine Informationen nur aus den Medien bezieht, findet neben gutem Journalismus leider auch vieles, was falsch bzw. verwirrend ist. Beispielsweise ist immer wieder zu lesen, Methan (CH_4) sei klimawirksamer als Kohlendioxid (CO_2). Dabei wird verschwiegen, dass dieses „Treibhauspotential" nur pro Molekül gilt. Berücksichtigt man u.a. die viel höhere Konzentration und somit viel größere Zahl von CO_2-Molekülen in der Atmosphäre, kehrt sich die Relation um. Alle Kriterien, und dies nicht nur bei den klimawirksamen Spurengasen, sind nur im „Strahlungsantrieb" berücksichtigt, der daher in diesem Buch eine tragende Rolle spielt. Auch in der Klimapolitik findet man gelegentlich seltsame Fehlleistungen und insgesamt wenig Effektivität. Ich hoffe, dass nach der Lektüre dieses Buches jeder in der Lage sein wird, die Fehler und Schwächen der Klimadebatte zu erkennen und sich ein realistisches und fundiertes Urteil zu bilden. Dabei habe ich keine bestimmte Zielgruppe im Visier. Jeder der sich für die Klimawandel-Problematik interessiert, ob mit wissenschaftlichem Hintergrund oder nicht, ist angesprochen.

Ich danke dem Verlag Borntraeger in Stuttgart und dort insbesondere Herrn Dr. Nägele für die freundliche und aufgeschlossene Aufnahme meines Manuskripts und sein großes Engagement bei der Realisierung qualitativ hochwertiger Farbabbildungen. Dem Ulmer-Verlag, ebenfalls Stuttgart, danke ich für die Bereitstellung hochaufgelöster Vorlagen zu den Abbildungen 1,2,6,8,9,10,11.13,22,27 und 30, die aus meinem Lehrbuch „Klimatologie" stammen[115]. Die historischen Fotos des Rhône-Gletschers, die den Rückgang drastisch vor Augen führen (Buchumschlag) hat dankenswerterweise Herr Dr. Nägele von Herrn Prof. Funk (ETH Zürich) beschafft. Das äußerst intensive Lektorat hat Herr Dr. Obermiller zusammen mit Herrn Dr. Nägele durchgeführt und mir dabei zu zahlreichen Verbesserungen der sprachlichen Ausdrucksweise und Verständlichkeit verholfen. Auch dafür danke ich herzlich, wie auch meiner Frau Marianne, die meinen ersten Textentwurf durchgesehen und verbessert hat. Schließlich danke ich Frau Zeusche für die gute Kooperation bei der technischen Vorbereitung der Drucklegung.

Frankfurt a.M./Oberursel, im Oktober 2018
Christian-Dietrich Schönwiese

Inhaltsverzeichnis

1 Klimaforschung 1
2 Atmosphäre und Wetter 6
3 Von der Wetterstatistik zum Klima 14
4 Klimainformationen 19
5 Klimasystem 24
6 Klimaphysik 29
7 Klimamodelle 46
8 Paläoklima (seit Entstehung der Erde) 51
9 Klima im Holozän (letzte ca. 10.000 Jahre) 61
10 Neoklima (letzte 200–250 Jahre) 69
11 Ursachendiskussion (Neoklima) und Zukunftsperspektiven 77
12 Extremereignisse 89
13 Auswirkungen des Klimawandels 97
14 Klimaschutz und Klimapolitik 110

Zitierte Literatur 117
Bibliographie 124
Internet-Links 126
Stichwortverzeichnis 128

1 Klimaforschung

Das Wort „*Klima*" taucht erstmalig im antiken Griechenland auf und bedeutet „Neigung" (κλίμα)[51]. Gemeint ist damit der mittlere Winkel der Sonneneinstrahlung auf die Erdoberfläche. Ist dieser Winkel steil, verteilt sich die Sonnenenergie auf eine relativ kleine Fläche und der Erwärmungseffekt ist groß. Ist dieser Winkel dagegen flach, verteilt sich die Sonnenenergie auf eine relativ große Fläche und der Erwärmungseffekt ist klein. Daher definierte bereits PARMENIDES VON ELEA um 500 v.Chr. drei *Klimazonen*: heiß, kalt und dazwischen gemäßigt (heute: tropisch, polar und gemäßigt)[115]. Nimmt man weitere Differenzierungen und u.a. auch Grundgedanken des „Heilklimas" (heute heilklimatische Kurorte) durch HIPPOKRATES (460–375 v.Chr.) und weitere Naturphilosophen des antiken Griechenlands hinzu, so kann dies als der Beginn der Klimaforschung angesehen werden; denn auch heute wird in den Strahlungsprozessen der wesentliche Motor für die Klimaprozesse gesehen, die nicht nur das statisch definierte Klima, sondern auch den Klimawandel hervorrufen. Hinsichtlich der Klimazonen muss schon hier der vielseitige und bedeutende Klimatologe WLADIMIR KÖPPEN (1846–1940) erwähnt werden, der das antike Konzept um die Trockenzone (zwischen tropisch und gemäßigt) und das boreale Klima (nordhemisphärisch-kontinental, zwischen gemäßigt und polar, mit großen jahreszeitlichen Temperaturunterschieden) erweitert hat. Trotz etlicher Modifikationen ist dies bis heute das Grundkonzept der globalen Klimaklassifikation[62a].

Bei der weiteren *historischen Entwicklung der Klimaforschung* war nach erstaunlich langer Pause einer der wichtigsten nächsten Schritte *die Beobachtung und Dokumentation des Wetters*[31,102]. Beginnend – soweit wir wissen – durch CLAUDIUS PTOLEMÄUS in Alexandria, 151–127 v.Chr., über WILLIAM MERLE in Driby bei Oxford (England), 1337–1344, und mehrere Astronomen wie JOHANNES KEPLER in Linz, 1617–1626, wurden in den genannten Jahren sog. *Witterungstagebücher* geführt, in denen Tag für Tag verbal das jeweilige Wetter zusammenfassend beschrieben wurde; denn *Messinstrumente* für die einzelnen Wetterelemente waren noch nicht erfunden. Das geschah nun aber sehr bald[102,115] im 17. Jahrhundert, so (wahrscheinlich) bereits 1611 das Thermometer durch GALILEO GALILEI (1564–1641) und 1643 das Barometer (zur Luftdruckmessung) durch EVANGELISTA TORRICELLI (1608–1647), beides also in Italien. Niederschlagsmessungen mit sehr einfachen Methoden reichen noch sehr viel weiter zurück und die Weiterentwicklung zu den heutigen Niederschlagsmessgeräten erfolgte fließend. Wie wir später erkennen werden (Kap. 3), führt die Langzeitbetrachtung des Wetters zum Klima. So werden aus den Wetterdaten (Messdaten der Wetterelemente Temperatur, Niederschlag usw.) Klimadaten. Um dabei auch den Klimawandel erkennen zu können, müssen die Klimadatenreihen möglichst lang sein. Als Minimum gelten einige Jahrzehnte; besser aber sind Jahrhunderte (sog. Klimadaten-Säkularreihen). Die am weitesten zurückreichende derartige Klimadatenreihe geht auf das Lebenswerk des englischen Meteorologen Gordon Manley (1902–1980) zurück, der ab 1659 die Monatsmittelwerte der bodennahen Lufttemperatur für das sog. zentrale England (beruhend auf den Messungen an mehreren Stationen) zusammengestellt hat[77]. Diese Datenreihe wird bis heute von englischen Klimatologen aktualisiert[18].

Der nächste wichtige Schritt war die Erweiterung der Klimabetrachtung von der Zeit in den Raum. Dazu werden *Messnetze* benötigt. Nach zunächst noch bescheidenen Anfängen in Italien ist hier vor allem das erste internationale Messnetz der Pfälzischen Meteorologischen Gesellschaft (Societas Meteorologica Palatina) mit Sitz in Mannheim zu nennen[115]. Ab 1780/1781 umfasste es maximal 39 Stationen, die von Nordamerika über Grönland und den Schwerpunkt Deutschland bis zum Ural reichten. Leider bestand diese Gesellschaft nur bis 1795; aber an vielen Stationen wurden die Messungen dank des Engagements u.a. von Pfarrern, Mönchen und Lehrern fortgeführt, bis mit der Gründung der nationalen Wetterdienste, zuerst 1863 in Frankreich, und 1873 ihrem Zusammenschluss in der Internationalen Meteorologischen Organisation (IMO) die Wetter- bzw. Klimadatenerfassung zur weltweiten Aktion wurde[115]. Die IMO heißt seit 1950 Weltmeteorologische Organisation (WMO), ist eine Fachorganisation der Vereinten Nationen (UN) mit Sitz in Genf und bis heute, mit erweiterter Aufgabenstellung, aktiv. Derzeit gibt es weltweit unter dem Dach der WMO allein an der Erdoberfläche rund 10.000 Messstationen[115]. Hinzu kommen noch rund 1.000 Stationen, die Ballonaufstiege in die höhere Atmosphäre (im Routinedienst bis ca. 20 km Höhe) durchführen. Somit wird der Teil der Klimaforschung, der sich mit der Erfassung, Bereitstellung und mathematisch-statistischen Analyse von Klima-Beobachtungsdaten befasst, bis heute aufrechterhalten. Hinzu kommen noch die Informationen der historischen Klimatologie und insbesondere das weite Feld der Paläoklimatologie, was zusammen mit der Neoklimatologie in Kap. 4 näher beleuchtet wird. Was die *paläoklimatologische Forschung* betrifft, so sollen hier aber exemplarisch wenigstens einige der vielen Wegbereiter genannt sein: der bereits erwähnte Klimatologe Wladimir Köppen, der sich schon sehr früh (1924) intensiv mit dem Klima der Vorzeit beschäftigt hat, der italienisch-amerikanische Geologe Cesare Emiliani (1922–1995), der die Klimarekonstruktion aufgrund von Sedimentbohrungen in der Tiefsee begründet hat, der dänische Geophysiker und Glaziologe Willi Dansgaard (1922–2011), der ähnliche Pionierarbeit durch Bohrungen im polaren Eis (Grönland) geleistet hat, und der Schweizer Physiker Hans Oeschger (1927–1998), der dies durch die Rekonstruktion der früheren Konzentrationen klimarelevanter Spurengasen ergänzt hat. Insgesamt hat die Erweiterung der direkten Messdatenerfassung (durch die Neoklimatologie) auf die indirekte Klimarekonstruktion durch die Paläoklimatologie dazu geführt, dass wir bis sehr weit zurück in die geologische Vergangenheit über einen gigantischen Schatz von Informationen über das Klima und seinen Wandel in der Vergangenheit verfügen.

Doch wenn sich die Klimaforschung darauf beschränken würde, wäre sie sehr unvollständig. Mindestens genauso wichtig wie die Informationserfassung anhand von Klimadaten ist das *Verständnis der Prozesse*, die das Klima und den Klimawandel steuern und somit sozusagen die Klimate erzeugen. Dazu wird vor allem die experimentelle und theoretische Physik, aber auch die Chemie benötigt. Sie haben sich ungefähr ab dem 19. Jahrhundert rasant entwickelt, wobei zunächst die atmosphärischen Strahlungs- und Bewegungsgesetze für die Klimatologie bedeutsam sind. Pioniere auf diesem Gebiet der Klimaforschung waren in Deutschland HERMANN FLOHN[30] (1912–1997) und FRITZ MÖLLER[74] (1906–1983). Da die atmosphärischen Klimaprozesse letztlich überaus kompliziert sind, war es notwendig, sie in vereinfachten und doch zielführenden Konzepten zu erfassen, den *Klimamodellen*. Diese Konzepte sind sehr vielfältig und reichen von extrem einfachen Ansätzen, den sog. Energiebilanzmodellen, bis zu überaus aufwändigen dreidimensionalen Zirkulationsmodellen (Simulation der atmosphärischen Bewegungsvorgänge) mit integrierten Strahlungsprozessen (vgl. Kap. 6, 7 und 11): Obwohl auch sie gegenüber der Klimawirklichkeit erheblich vereinfacht sind, benötigen sie selbst an den größten elektronischen Rechenanlagen der Welt (Großcomputern) Rechenzeiten von einigen Monaten. Dabei wird nicht nur die Klimavergangenheit simuliert, sondern – da sich die aufwändigen Klimamodelle von Wettervorhersagemodellen ableiten – auch der Blick in die Zukunft gewagt. Die Entwicklung solcher Klimamodelle ist insbesondere in den USA, England und Deutschland vorangetrieben worden, wobei als Pioniere vor allem SYUKURO MANABE[74,75,76] (*1931 in Japan, später in den USA tätig), JOHN F.B. MITCHELL (*1948, England) und KLAUS HASSELMANN (*1931, tätig am Max-Planck-Institut für Meteorologie, Hamburg) zu nennen sind (weiteres und näheres zur Thematik Klimamodelle siehe Kap. 7).

Im Gegensatz zur Wettermodellierung stellte sich bald heraus, dass für das Klima der Blick in die Atmosphäre nicht ausreicht. Zumindest der Ozean muss in Form sog. gekoppelter atmosphärisch-ozeanischer Klimamodelle mit einbezogen werden. Außerdem ist immer wichtiger geworden, neben dem natürlichen auch den *anthropogenen*, also auf menschliche Aktivitäten zurückgehenden *Klimawandel* zu simulieren. Einer der ersten Wissenschaftler, der auf dieses Problem im Zusammenhang mit dem Ausstoß von Kohlendioxid (CO_2) in die Atmosphäre hingewiesen und sogar schon versucht hat, ohne Modelle zu quantitativen Abschätzungen zu kommen, war der schwedische Physikochemiker SVANTE ARRHENIUS (1859–1927)[2]. Damit kommt die *atmosphärische Zusammensetzung* ins Spiel, insbesondere die Konzentration diverser klimawirksamer Spurengase, zu denen u.a. das Kohlendioxid (CO_2) zählt (siehe Kap. 2). Der US-amerikanische Meteorologe CHARLES KEELING (1928–2005) veranlasste 1958 die Einrichtung einer CO_2-Messstation auf dem Mauna Loa, Hawaii, die bis heute die längste auf direkten Messungen beruhende derartige Messreihe darstellt (sog. Keeling-Kurve, siehe Kap. 11). Entsprechende paläoklimatologische Rekonstruktionen, u.a, auch für Methan (CH_4), reichen noch sehr viel weiter zurück, wozu, wie erwähnt, u.a. Hans Oeschger beigetragen hat. Und je genauer man werden will, umso mehr Aspekte müssen berücksichtigt werden, so neben den atmosphärischen Gasen auch die Partikel (Aerosole) und hinsichtlich des natürlichen Klimawandels u.a. auch Daten zur vulkanischen und solaren Aktivität. In Deutschland war der bereits genannte Hermann Flohn[30] einer der ersten, der sich in seiner Forschung intensiv mit dem anthropogenen, aber auch natürlichen Klimawandel beschäftigt hat. Auch er wusste, dass es wenig Sinn macht, den anthropogenen Klimawandel separat zu betrachten, sondern dass es sehr wichtig ist, von vornherein zu einer möglichst *ganzheitlichen Analyse* zu kommen. Weiterhin ist wichtig, auch die *Auswirkungen* des Klimawandels zu erforschen, und zwar nicht nur naturwissenschaftlich, wie z.B. ökologisch, sondern auch sozioökonomisch. Seit 1992 existiert zu diesem Zweck in Deutschland das Potsdam-Institut für Klimafolgenforschung, bis 2018 unter der Leitung von Hans Joachim Schellnhuber (*1950).

Somit reicht die Klimaforschung bis ins antike Griechenland zurück, hat aber dank der hilfreichen Entwicklung der Naturwissenschaften und elektronischen Datenverarbeitung insbesondere seit der zweiten Hälfte des 20. Jahrhunderts enorm an Umfang, Breite, Tiefe und Bedeutung zugenommen. Entsprechend interdisziplinär sind die Klima-Forschungsaktivitäten, und dies weltweit. Dabei können als besonders *relevante Wissenschaften* die Meteorologie, hinsichtlich der physikalischen Klimaprozesse, und die Geographie, hinsichtlich der klimatologischen Phänomene und Auswirkungen an der Erdoberfläche, angesehen werden. Hinzu kommen, ohne Anspruch auf Vollständigkeit, die Grundlagenwissenschaften Physik, Chemie, Mathematik und Informatik, die Spezialwissenschaften Ozeanographie, Glaziologie, Biologie und Ökologie sowie letztlich auch die Ökonomie (hinsichtlich der ökonomischen Folgen des Klimawandels) und die Soziologie (soziale Folgen des Klimawandels, beides als sozioökonomische Aspekte zusammengefasst) und immer dringlicher die Klimapolitik (siehe Kap. 14).

Institutionen, die Klimaforschung betreiben, sind in Deutschland u.a. Universitäten und Großforschungseinrichtungen wie das Max-Planck-Institut für Meteorologie (Hamburg), das Potsdam-Institut für Klimafolgenforschung, das Alfred-Wegener-Institut für Polar- und Meeresforschung (Bremerhaven), das Fraunhofer-Institut für atmosphärische Umweltforschung (Garmisch-Partenkirchen) sowie das Umweltbundesamt (Dessau). Da die finanzielle Grundausstattung, insbesondere an den Universitäten, oft unzureichend ist, wird die Klimaforschung u.a. durch das Bundesministerium für Bildung und Forschung (BMBF) und die Deutsche Forschungsgemeinschaft (DFG) gefördert. Zum Zweck der *internationalen Koordination* haben 1974 die WMO (Weltmeteorologische Organisation) und UNEP (UN Environmental Programme) das Weltklimaprogramm (World Climate Programme, WCP) initiiert, das aus mehreren Unterprogrammen besteht, darunter das wichtige Weltklimaforschungsprogramm (World Climate Resarch Programme, WCRP). Direktor war zeitweise (1994–1999) der deutsche Klimatologe HARTMUT GRASSL (*1940). Ein Glücksfall für die Bereitstellung der wissenschaftlichen Forschungsergebnisse und deren Diskussion ist das von der WMO und UNEP (vgl. jeweils oben) 1988 ins Leben gerufene „*Intergovernmental Panel on Climate Change*" (IPCC, dt. Zwischenstaatlicher Ausschuss für Klimaänderungen, in den Medien meist „Weltklimarat" genannt). Es hat zu den Ergebnissen der Klimaforschung, insbesondere auch zum anthropogenen Klimawandel, 1992, 1996, 2001, 2007 und zuletzt 2013/2014 mit immensem Aufwand verfasste, ausführliche Berichte (Assessments Reports, AR) veröffentlicht. Diese behandeln, je nach Arbeitsgruppe, die physikalischen Grundlagen (allein dieser Teilbericht umfasst in der letzten ausführlichen Druckversion 1.535 Seiten), die Auswirkungen und den Handlungsbedarf. Sie werden durch sog. Syntheseberichte und zusätzliche spezielle Berichte ergänzt. Das IPCC berücksichtigt ausschließlich begutachtete Fachliteratur (peer reviewed papers) und ist, im Gegensatz zu manchen anderen Quellen, besonders seriös und zuverlässig. Insgesamt spiegelt sich darin der sehr bemerkenswerte Konsens der wissenschaftlichen Klimaforschung weltweit wider, bestätigt von diversen wissenschaftlichen Institutionen. Diesem Konsens ist auch das vorliegende Buch verpflichtet. Übrigens ist das IPCC 2007 zusammen mit dem ehemaligen USA-Vizepräsidenten Al Gore mit dem Friedensnobelpreis ausgezeichnet worden.

2 Atmosphäre und Wetter

Der Ort des Klimageschehens ist primär die *Atmosphäre* der Erde. Sie hat eine untere Grenzfläche, mit der sie in Wechselwirkung steht, nämlich die Land- bzw. Ozeanoberfläche, und geht nach oben hin kontinuierlich und somit ohne obere Grenzfläche in den interplanetarischen Raum über. Die somit fiktive Obergrenze der Atmosphäre wird meist in der Größenordnung von 1.000 km Höhe angenommen, wo die Bedingungen eines technischen Hochvakuums herrschen.

Orientiert man sich an der mittleren Lufttemperatur, so weist die Atmosphäre eine deutliche *vertikale Gliederung* auf[11,41,63,115], vgl. Abb. 1. In der untersten Schicht, der Troposphäre, nimmt die Temperatur mit der Höhe ab, und zwar im Mittel von 15 °C (Meereshöhe) auf –55 °C in 11 km Höhe. Allerdings sind dies Normwerte, von denen im Einzelfall ganz erhebliche Abweichungen auftreten. So reicht in den Tropen die Troposphäre bis in 17 km Höhe (Tropopause) und kühlt bis dort auf ca. –80 °C ab. Dagegen ist in den Polargebieten die Troposphäre je nach Jahreszeit nur ca. 8–10 km hoch, mit Tropopausen-Temperaturwerten zwischen ca. –40 und –50 °C. Zudem gibt es in den unteren 1–2 km der Troposphäre häufig sog. Inversionen, d.h. die Temperatur nimmt mit der Höhe nicht ab, sondern zu, und erst darüber zeigt sich die übliche vertikale Temperaturabnahme. Der häufigste, aber nicht alleinige Grund für die Bildung einer solchen Inversion in Bodennähe ist die terrestrische (von der Erdoberfläche ausgehende) Ausstrahlung in der Nacht, die der Erdoberfläche Energie entzieht und sie dadurch abkühlt, ohne dass die (nachts fehlende) Sonneneinstrahlung dies kompensieren kann. Die terrestrische Ausstrahlung wird durch fehlende oder geringe Bewölkung begünstigt und ist im Winter besonders wirksam, wenn die Sonne in mittleren und relativ hohen Breiten nur relativ kurze Zeit über dem Horizont steht. Wegen dieser Strahlungsprozesse als Ursache wird von einer Strahlungsinversion gesprochen.

Darüber, bis ungefähr 50 km Höhe, finden wir die Stratosphäre, mit zunächst keiner vertikalen Temperaturänderung (worauf die Bezeichnung „stratos", d.h. gleichförmig, aber auch Schicht, hinweist, im Gegensatz zu „tropos", d.h. Wendung; in der Troposphäre wendet sich die Temperatur sozusagen mit der Höhe geringeren Werten zu). In der oberen Stratosphäre nimmt die Temperatur jedoch mit der Höhe zu. Wiederum sind Strahlungsprozesse die Ursache: Wir finden dort relativ viel Ozon (O_3), das die Eigenschaft besitzt, kurzwellige und somit ultraviolette Strahlung (UVC- und UVB-Bereich) zu absorbieren, wie sie zusammen mit langwelligerer Strahlung (Licht und Wärme) von der Sonne ausgeht (näheres in Kap. 6). Die gesundheitsschädliche, relativ kurzwellige solare Strahlung wird somit fast vollständig von der Troposphäre ferngehalten. Daher spricht man vom Ozonschutzschild der Stratosphäre. Absorption von Strahlung, gleich welcher Art, bedeutet generell Erwärmung der absorbierenden Materie, in diesem Fall

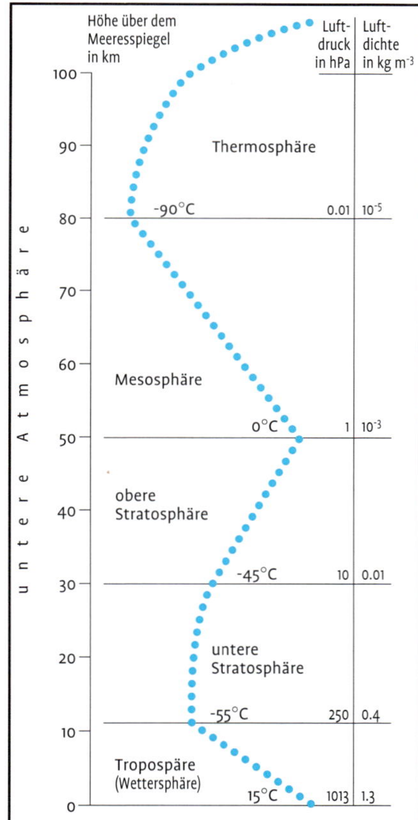

Abb. 1. Vertikalgliederung der unteren Atmosphäre (bis 100 km Höhe) mit Temperaturverlauf, Luftdichte und Luftdruck; nach SCHÖNWIESE[115].

der O_3-Gasmoleküle. Und immer wird die Erwärmung durch Wärmeleitung (mikrophysikalisch genauer gesagt durch Stoßreaktionen) an die benachbarten Moleküle weitergegeben, so dass sich die ganze betreffende Schicht erwärmt. Auch dies beruht auf einem universalen Naturgesetz (siehe Kap. 6). In der Mesosphäre, zwischen ca. 50 und 80 km Höhe, nimmt die Temperatur wie in der Troposphäre mit der Höhe wieder ab.

Diese vertikale Temperaturabnahme in der Troposphäre ist leicht erklärbar: Die Sonneneinstrahlung erwärmt die weitaus „dichtere" (viele Moleküle pro Raumeinheit) Erdoberfläche wesentlich stärker als die viel weniger dichte Atmosphäre, wo die Sonneneinstrahlung auf wesentlich weniger Moleküle trifft, die diese Strahlung absorbieren und sich dabei erwärmen können. Die Atmosphäre wird also von unten her geheizt, wie durch eine Herdplatte, und gibt die Wärme nach oben hin durch Wärmeleitung (und auch kompliziertere Wärmetransportmechanismen, siehe Kap. 6) ab. In der Mesosphäre ist die Situation weniger offensichtlich, was uns aber nicht weiter kümmern muss, weil für das Klima vor allem die Troposphäre und die Stratosphäre von Bedeutung sind. Noch weiter oben, in der Thermosphäre, ist wegen des sehr geringen Luftdrucks und damit der sehr geringen Luftdichte die Temperaturdefinition problematisch (siehe unten). Nur am Rande sei erwähnt, dass die Thermosphäre bis ungefähr 1.000 km Höhe reicht und sich daran nach oben hin die Exosphäre anschließt, die schon zum interplanetarischen Raum gehört. In Abb. 1 sind jedoch nur die unteren 100 km der Erdatmosphäre erfasst.

Die *Temperatur* ist das fundamentale *Wetter*- und insbesondere, langfristig betrachtet, *Klimaelement*. Sie wird zumeist in °C (Grad Celsius), in angelsächsischen Ländern aber auch in °F (Grad Fahrenheit) angegeben, mit der Umrechnung °C = (°F – 32) • 5/9. Physikalisch ist noch die Maßeinheit K (Kelvin, ohne das Grad-Symbol °) wichtig (mit der Umrechnung °C = K – 273). Physikalisch ist die Temperatur als die mittlere Bewegungsenergie der Atome und Moleküle definiert und somit an Materie gebunden. Diese Definition ist nur dann sinnvoll, wenn die sich erwärmenden oder abkühlenden Atome und Moleküle genügend weitere Atome und Moleküle in ihrer Umgebung vorfinden, an die sie die Temperatur per Stoßreaktion weitergeben können. Ist das nicht der Fall, die Luftdichte also sehr gering wie in der Thermosphäre und darüber, so muss sich ein Atom bzw. Molekül unter Umständen sehr weit bewegen, bis es zu Stoßreaktionen kommt. Dabei kann es eventuell immer schneller werden, was theoretisch eine immer höhere Temperatur bedeuten würde. Ein Thermometer aber würde nur wenige Stoßreaktionen mitbekommen und daher eine sehr tiefe Temperatur anzeigen. Daher ist es sinnlos, für solche Höhen Temperaturen angeben zu wollen. Ganz oder fast ohne Materie, wie im Weltraum zwischen den Himmelskörpern, wird i.a. die sog. Weltraumkälte angenommen. Das sind –273 °C bzw. 0 K, die tiefstmögliche Temperatur. Sie bedeutet gar keine Bewegung der Atome und Moleküle und wird auch als absoluter Nullpunkt der Temperatur bezeichnet.

Statt der Luftdichte wird an den Wetterstationen der damit eng verknüpfte *Luftdruck* gemessen und ist daher ein weiteres Wetter- bzw. Klimaelement. Er wird in hPa (Hektopascal = 100 Pa (Pascal)) angegeben. Die Druckeinheit Pa ist definiert als die Krafteinheit N (Newton) pro m^2 (Quadratmeter). In der Erdatmosphäre nimmt der Luftdruck ungefähr alle 5,5 km um die Hälfte ab und beträgt statt in Meereshöhe im Mittel rund 1.000 hPa (Normwert genauer 1013,25 hPa), in 10 km Höhe nur noch rund 250 hPa, in 50 km Höhe rund 1 hPa und in 80 km Höhe ca. 0,01 hPa (=1 Pa). Entsprechend nimmt mit der Höhe auch die Luftdichte ab, vgl. Abb. 1.

Ein weiteres wichtiges Wetter- bzw. Klimaelement, das beim Klima hinsichtlich seiner Bedeutung gleich nach der Temperatur kommt, ist der *Niederschlag*. Fällt er in flüssiger Form, also als Wasser, wird er direkt in mm (Millimeter) angegeben. Dies entspricht l/m^2 (Liter pro Quadratmeter, weil ein Liter Wasser auf einer Fläche von einem Quadratmeter verteilt 1 mm hoch stehen würde). Die weiteren Wetterelemente, die routinemäßig an Wetterbeobachtungsstationen gemessen werden, sind hinsichtlich der langfristigen Klimaentwicklung von geringer Bedeutung, auch hinsichtlich der Datenverfügbarkeit. Dies gilt aber nicht für die Klimaphysik (Kap. 6) und insbesondere nicht für die Luftfeuchte, den Wasserdampfgehalt (H_2O) der Luft. Er wird in verschiedenen Maßeinheiten angegeben, häufig auch als relative Feuchte, d.h. in Prozentwerten der bei einer bestimmten Temperatur maximal möglichen Feuchte (siehe Kap. 6). Weiterhin

Tabelle 1. Welt- bzw. Deutschland-Rekordmesswerte der wichtigsten Klimaelemente („Wetterrekorde")[11,24,51] (erhoben nach WMO-Richtlinien). Die Monats- und Tagesminima des Niederschlags betragen 0 mm (wobei 1 mm einem Liter pro Quadratmeter entspricht). Die maximale Windgeschwindigkeit konnte nur indirekt mittels Doppler-RADAR abgeschätzt werden; zur Druck-Maßeinheit hPa siehe Text.

Klimaelement		**Welt**	**Deutschland**
Temperatur	Maximum	+58,0 °C, 13.9.1922 Al-Aziziyah, Libyen	+42,6 °C, 26.7.2019 Lingen, Emsland
	Minimum	–89,2 °C, 21.7.1983 Station Wostok, Antarktis	–37,8 °C, 12.2.1929 Wolnzach-Hüll, Niederbayern
Niederschlag	Jahres-maximum	26461 mm, 8.1860–7.1861 Charrepunji, Indien	3503 mm, 1970 Balderschwang, Allgäu
	Jahres-minimum	0 mm, 1471–1971 Atacama-Wüste, Chile	242 mm, 1911 Straußfurt, Thüringen
	Monats-maximum	9300 mm, Juli 1861 Charrepunji, Indien	777 mm, Mai 1933 Oberreute (bei Lindau), Bayern
	Tages-maximum	1870 mm, 15./16.3.1952 Cilaos, Réunion (Indik)	312, 0 mm, 12.8. 2002 Zinnwald (Erzgebirge), Sachsen
Wind	Maximum	486 km/h, 3.5.1999 Bridge Creek (Oklahoma), USA	335 km/h, 12.6.1985 Zugspitze, Bayern
Luftdruck	Maximum	1083,8 hPa, 31.12.1968 Agata (Sibirien), Russland	1060,8 hPa, 23.1.1907 Greifswald
	Minimum	856,0 hPa, Datum unbekannt bei Okinawa, Japan (Taifun)	948,6 hPa, 26.2.1989 Osnabrück (Wintersturm)

sind mindestens noch zu nennen: die im Detail komplizierte Bewölkung (die nach dem Wolkentypus klassifiziert und in ihrem Bedeckungsgrad, bezogen auf die Himmelsfläche, und ihrer Untergrenze erfasst wird) und der Wind (hinsichtlich

Windrichtung und -geschwindigkeit). Gerade der Wind kann unter dem Aspekt atmosphärischer Extremereignisse (siehe Kap. 12) klimatologisch sehr wichtig sein, wenn es um die Frage geht, ob beispielsweise tropische Wirbelstürme oder Tornados im Zusammenhang mit dem Klimawandel sich in ihrer Häufigkeit ändern. Ähnliches gilt für extrem hohe Starkniederschläge bzw. das Gegenteil davon, Dürren. In Tab. 1 sind die wichtigsten Klimaelemente zusammengestellt, zusammen mit ihren bisher weltweit bzw. in Deutschland beobachteten Extremwerten, den sog. Wetterrekorden.

Nun zur *Zusammensetzung der Atmosphäre*[11,41,63,101,115,139]: Sie besteht erstens aus Gasen, zweitens aus sog. Hydrometeoren und drittens aus Partikeln (Aerosolen). Betrachtet man nur die *Gase*, und diese zudem ohne den Wasserdampf, so handelt es sich um trockene und nicht verunreinigte Luft. Wie Tab. 2 erkennen lässt, besteht derartige Luft zu rund 78 % aus Stickstoff (N_2) und rund 21 % aus Sauerstoff (O_2). Mit knapp 1 % ist weiterhin das Edelgas Argon (Ar) vorhanden. Alle weiteren Gase treten in Konzentration von weit unter 1 % auf und werden deshalb als Spurengase bezeichnet. Von fundamentaler Bedeutung für Mensch und Tier ist O_2, das zur Atmung benötigt wird. Ähnliches gilt für das Spurengas Kohlendioxid (CO_2) für die Photosynthese der Pflanzen (mit CO_2-Aufnahme und O_2-Abgabe). Aber auch die weiteren Spurengase sind keinesfalls bedeutungslos. Sie lassen sich in toxisch und klimarelevant unterteilen. *Toxisch*, d.h. giftig und somit gesundheitsschädlich sind z.B. Kohlenmonoxid (CO) und die Stickoxide (Stickstoffmonoxid, NO, und Stickstoffdioxid, NO_2, zusammengefasst als NO_x). *Klimarelevant* sind Gase, die wegen ihrer Strahlungseigenschaften zum Treibhauseffekt beitragen, wie im Kap. 6 erläutert wird. Diese klimarelevanten Spurengase werden daher auch „Treibhausgase" genannt. Sie können rein natürlichen Ursprungs sein, wie der in Tab. 2 nicht enthaltene Wasserdampf, oder anthropogen, also durch menschliche Aktivitäten beeinflusst, wie z.B. CO_2, CH_4 (Methan) und N_2O (Distickstoffoxid), oder aber auch rein anthropogenen Ursprungs wie z.B. die Fluorchlorkohlenwasserstoffe (FCKW).

Der überaus variable Gehalt der atmosphärischen Luft an Wasserdampf (H_2O) wird, wie schon erwähnt, als Luftfeuchtigkeit bezeichnet. In Prozentwerten (hier wie im Weiteren stets volumenbezogen) schwankt er zwischen weniger als 1 % und maximal ca. 4–5 %[11]. Der globale Mittelwert liegt bei ungefähr 2,6 %. H_2O ist im Übrigen das einzige atmosphärische Gas, das unter natürlichen Bedingungen zu Wassertropfen kondensieren, also flüssig werden kann, und weiterhin, bei noch weiter fallender Temperatur, zu Eispartikeln oder Schnee. Dies geschieht vor allem durch Abkühlung, wie sie z.B. beim Aufsteigen von Luftmassen auftritt. Solche Wassertropfen und Eispartikel werden als *Hydrometeore* bezeichnet und treten als Wolken und ggf. Niederschlag in Erscheinung. An dieser Stelle ist wieder ein Hinweis auf das antike Griechenland angebracht ist, weil ARISTOTELES (384–322 v.C.) in seinem Meteorologie-Lehrbuch zwischen Feuer- und Wasser-

Tabelle 2. Zusammensetzung trockener (ohne Wasserdampf) und nicht verunreinigter Luft in Bodennähe, geordnet nach Volumenanteilen der wichtigsten Gase; ppm = millionstel, ppb = milliardstel Anteile. Bei kurzlebigen und somit örtlich/zeitlich variablen Gasen sind die global gemittelten Jahresmittelwerte angegeben. Klimawirksame Spurengase („Treibhausgase") mit Trend (* bedeutet steigend, ** fallend, siehe auch Tab. 9) zum Teil auch mit Messwert vom Mauna Loa, Hawaii (M.L.), beziehen sich auf 2019; viele Quellen[85,115,139].

Gas, chemische Formel	Volumenanteil		
Stickstoff, N_2	78,084 %		
Sauerstoff, O_2	20,946 %		
Argon, Ar	0,934 %		
*Kohlendioxid, CO_2	0,04098 % =	409,8 ppm	(M.L. 411,4 ppm)
Neon, Ne		18,18 ppm	
Helium, He		5,24 ppm	
*Methan		1,867 ppm	(M.L. 1,885 ppm)
Krypton		1,14 ppm	
Wasserstoff, H_2		0,52 ppm	
*Distickstoffoxid (Lachgas), N_2O	0,3319 ppm =	331,9 ppb	(M.L. 332,3 ppb)
Xenon, Xe	0,09 ppm =	90 ppb	
Kohlenmonoxid, CO	stark variabel,	ca. 50–200 ppb	
Ozon, O_3	stark variabel,	ca. 15–100 ppb **+**	
Stickoxide, NO und NO_2 (insgesamt NO_x)	stark variabel,	ca. 0,5–5 ppb	
Schwefeldioxid, SO_2	stark variabel,	ca. 0,2–4 ppb	
Ammoniak, NH_3	stark variabel,	ca. 0,1–5 ppb	
Propan, C_3H_8	variabel,	ca. 0,2–1 ppb	
**Dichlordifluormethan, CF_2Cl_2 (F12)		ca. 0,5016 ppb	
**Trichlorfluormethan, $CFCl_3$ (F11)		ca. 0,2265 ppb	

+ Stratosphäre erheblich höher (ca. 5–10 ppm)

meteoren unterschieden hat, unseren heutigen Meteoren und eben den Hydrometeoren. Letztere haben der Meteorologie, der Wissenschaft der Erdatmosphäre, den Namen gegeben. Schließlich müssen noch die *Aerosole* genannt werden, die entweder feste Partikel oder Tropfen sind, ausgenommen Hydrometeore, z.B.

Staub- oder Rußpartikel, Salzkristalle (häufig über den Ozeanen), Pflanzenpollen usw. sowie u.a. Schwefelsäuretröpfchen.

Die Troposphäre enthält im Gegensatz zur sehr trockenen Stratosphäre somit nicht nur Wasserdampf, sondern in Form der Hydrometeore auch Wolken, und das in räumlich und zeitlich sehr variabler Art und Weise. Da mit den Wolken einige prägnante *Wettererscheinungen* verknüpft sind, wie Regen- und Schneeschauer oder auch der sog. Landregen, weiterhin Gewitter, Hagel usw. bis hin zu Tornados, wird die Troposphäre auch „Wettersphäre" genannt. Wie aber lässt sich nun das *Wetter* definieren? Da wir alle das Wetter täglich verspüren und wahrscheinlich auch die Wetterberichte aufmerksam verfolgen, ist der Zugang zum Wetterbegriff eigentlich einfach. Wissenschaftlich handelt es sich zunächst um eine Art Momentaufnahme der bodennahen Atmosphäre an einem bestimmten Ort anhand der Wetterelemente: Lufttemperatur, Luftfeuchte, Niederschlag, Luftdruck, Wind, ggf. erweitert um Charakterisierungen der Bewölkung, unter Umständen auch Sichtweite und besondere Wetterphänomene wie z.B. die bereits genannten Gewitter oder Tornados. Die betreffenden Messdaten werden langfristig archiviert, da sie später auch als Klimadaten benötigt werden (siehe Kap.3).

Im Wetterbericht wird diese Betrachtung anhand der Gegebenheiten an mehreren Stationen auf eine Region erweitert, wobei die zunächst konkreten Zahlenwerte der Wetterelemente zu Wertespannen oder mehr oder weniger konkreten verbalen Aussagen werden. Meteorologen wollen aber nicht nur das Erscheinungsbild der Wetterelemente erfassen, sondern auch erklären, wie dieses Erscheinungsbild zustande kommt. Dafür benützen sie bestimmte Konzepte wie Tief- und Hochdruckgebiete (näheres dazu in Kap. 6), Wetterfronten (Grenzbereiche zwischen unterschiedlich warmen bzw. feuchten Luftmassen) und etliches mehr. Und dadurch, dass alles das in der zeitlichen Entwicklung, üblicherweise der letzten Tage, betrachtet wird, kommt die Zeit ins Spiel. Geht die vergangene Wetterentwicklung in ein Modell ein, kann sie auch in ihrer möglichen zukünftigen Entwicklung abgeschätzt werden und wir sind bei der *Wettervorhersage*. Die Leistungsfähigkeit der Wettervorhersagemodelle (näheres dazu in Kap. 7) erlaubt nur, maximal ungefähr zwei Wochen in die Zukunft zu blicken, in guter Zuverlässigkeit nur wenige Tage. Der Wissenschaftler spricht von der „charakteristischen Zeit", die beim Wetter somit bei einigen Tagen, maximal ca. zwei Wochen liegt.

Recht nahe verwandt mit dem Wetterbegriff ist der Begriff der *Witterung*. Dabei werden über einige Tage hinaus einige Wochen betrachtet, ggf. auch bis hin zu Jahreszeiten, und für diese „charakteristischen Zeiten" die Wettergegebenheiten zusammenfassend beschrieben. Die in Kap.1 genannten Witterungstagebücher sind allerdings eher Wettertagebücher, während die sog. Witterungsregelfälle[115] (auch Singularitäten genannt) tatsächlich die Witterung betreffen. Dazu zählen beispielsweise die sog. Eisheiligen, einige Tage im Mai, an denen mehr oder weniger regelmäßig eine Reihe kühler Temperaturen auftreten (aufgrund des

Klimawandels mittlerweile nur noch selten mit Frost verbunden) oder das sog. Weihnachtstauwetter, wonach ab Weihnachten die Neigung zu einer Reihe von milden Tagen besteht, bei denen eine eventuell vorhandene Schneedecke auftaut.

Im folgenden Kapitel wollen wir nun sehen, wie wir ausgehend vom Wetter- und Witterungsbegriff zur Definition von Klima und Klimawandel kommen.

3 Von der Wetterstatistik zum Klima

Kurz und knapp ausgedrückt ist das Klima die statistische Beschreibung der relevanten Klimaelemente (vgl. Kap. 2) für einen relativ langen Zeitraum, noch kürzer ausgedrückt, die *Langzeitstatistik des Wetters*. Grundlegend für die Charakterisierung des Klimas sind somit die Erfassung, Dokumentation und vor allem statistische Analyse der Beobachtungsdaten, vorzugsweise hinsichtlich der Wetter- bzw. Klimaelemente Temperatur und Niederschlag. Um dies zu verstehen, ist es unumgänglich, sich ein wenig mit der *mathematischen Statistik* zu beschäftigen. (Leider werden oft auch Umfragen fälschlicherweise als Statistiken bezeichnet, obwohl sie mit der mathematischen Statistik nichts zu tun haben.)

Die einfachste, wohl jedem geläufige statistische Maßzahl ist der (arithmetische) *Mittelwert*. Man kann also z.B. aus den täglichen Messdaten der bodennahen Lufttemperatur, tägliche, monatliche und jährliche Mittelwerte berechnen. Die WMO (Weltmeteorologische Organisation) hat weitergehend empfohlen, bis zu 30-jährigen Mittelwerten weiterzugehen und diese als „*Klimanormalwerte*" zu bezeichnen. Die betreffenden Zeitintervalle waren bisher 1901–1930, 1931–1960 und aktuell 1961–1990. Der Vergleich solcher Zahlenwerte kann dann schon Hinweise auf den Klimawandel geben. Sie betrugen z.B. für Deutschland in den heutigen Grenzen bezüglich der Jahresmitteltemperatur 7,9 °C, 8,2 °C und 8,3 °C (für 1986–2015 bereits 9,1 °C), zeigen also eine systematische Erwärmung an. Das Klima nun einfach als 30-jährige Mittelwerte von Temperatur usw. zu bezeichnen, greift allerdings viel zu kurz. Um Klimawandel zuverlässig zu erkennen, benötigen wir viel längere Zeitspannen, und zwar mindestens ca. 100 Jahre, besser aber noch sehr viel längere Zeiträume (siehe Kap. 8–10).

Zudem zeigt dieses Beispiel, dass der Klimabegriff nicht bei einzelnen Messstationen stehen bleibt (so sinnvoll und hilfreich das sein kann und in Klimatabellen auch geschieht, z.B. für beliebte Urlaubsorte, aber auch unseren Wohnsitz). Es interessieren auch die mittleren Gegebenheiten in bestimmten Regionen (z.B. Deutschland, Europa) bis hin zur gesamten Erde. Dementsprechend wird vom *Stations-* bzw. *Regional-* bzw. *Globalklima* gesprochen. Um dies zu realisieren, sind außer der zeitlichen auch räumliche Mittelungen erforderlich. Obwohl es im Computerzeitalter Rechenprogramme gibt, die das problemlos liefern (und das keinesfalls nur in der Klimatologie), muss das Grundprinzip doch umrissen werden. Es beginnt mit räumlichen Interpolationen auf ein regelmäßiges Gittersystem, siehe Abb. 2. Ist das geschehen, ergibt sich der *räumliche Mittelwert* ganz einfach aus dem Mittel der Werte an den Gitterpunkten. Die Interpolation selbst besteht darin, aus bekannten Zahlenwerten auf unbekannte zu schließen. Beträgt z.B. an einer Messstation der Temperaturwert 5 °C und an der nächsten 7 °C und liegt dazwischen ein Gitterpunkt, so kann man dort 6 °C annehmen. Doch, wie immer, ist trotz einfachem Grundprinzip die Realität wesentlich komplizierter.

Um dieses Problem zu lösen, sind etliche Algorithmen (Rechenvorschriften) entwickelt worden, bei denen stets mehrere Stationen in die Berechnungen eingehen und nicht nur einfache lineare Beziehungen benützt werden[116]. Die Zuverlässigkeit der Interpolationsverfahren kann man dadurch prüfen, dass bekannte Stationswerte weggelassen werden, dorthin interpoliert wird und die Abweichungen von den bekannten Werten betrachtet werden. Das Verfahren mit den geringsten Abweichungen ist das Beste. Übrigens wird uns das Prinzip der Gitterpunktsysteme bei den Klimamodellen (Kap. 7) wieder begegnen. Dort wird dann auch der Begriff der *Skaligkeit* (siehe erneut Abb. 2) eine Rolle spielen: die in einem bestimmten Fall erfasste Region. Subregionen, die das jeweilige Gitternetz nicht auflöst, heißen subskalig, übergeordnete größere, z.B. die globale, supraskalig. International kombiniert der Begriff „Scale" übrigens die räumliche mit der zeitlichen Größenordnung.

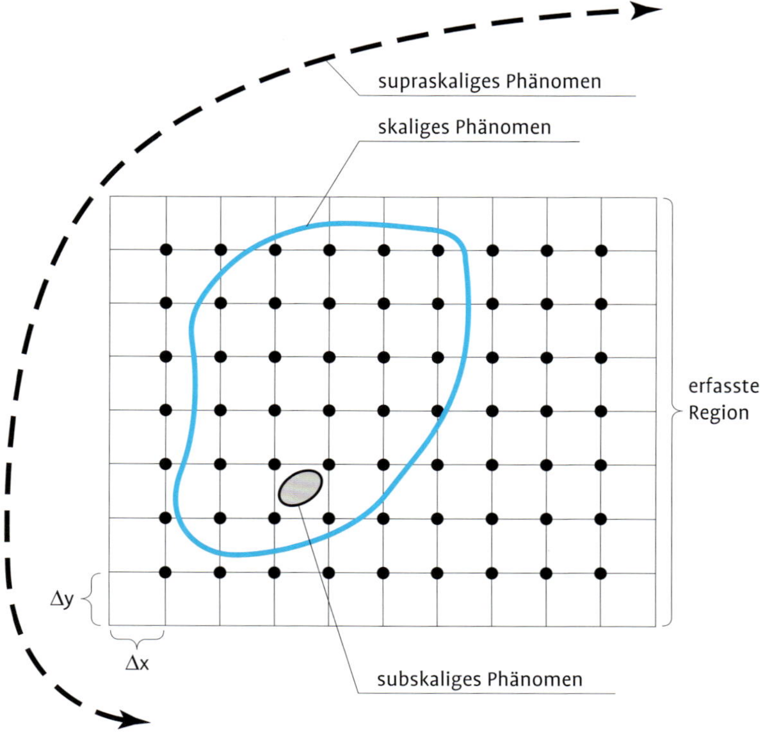

Abb. 2. Gitternetz zur Berechnung räumlicher Mittelwerte und der Startbedingungen von Klimamodellen, mit Erklärung der Skaligkeit, Subskaligkeit und Supraskaligkeit; nach SCHÖNWIESE[115].

Mit der Mittelung ist die statistische Datenanalyse aber bei weitem nicht abgeschlossen. Es interessiert auch, wie sehr die einzelnen Werte um den Mittelwert streuen. Um dies quantitativ zu beschreiben, bietet die *Statistik*[116] u.a. die Maßzahlen Standardabweichung (auch Streuung genannt) und Varianz (das Quadrat der Standardabweichung) an. (Die Varianz errechnet sich aus der Summe der quadratischen Abweichungen vom Mittelwert, dividiert durch die Anzahl der Messwerte minus 1). Ganz besonders wichtig ist die jeweilige Häufigkeitsverteilung, die Mittelwert und Standardabweichung impliziert. Wie der Name sagt, gibt sie an, wie häufig Daten in bestimmten Werteintervallen (z.B. auf 1 °C genau) aufgetreten sind; siehe Beispiel in Abb. 3 (Temperatur-Jahresmittelwerte Deutschland). Sie wird üblicherweise in Säulenform dargestellt. Daran kann nun eine Kurve angepasst werden, wofür die theoretisch-mathematische Statistik diverse Alternativen anbietet[116]. Eine dieser Alternativen ist die sog. Normalverteilung (Gauß-Verteilung), siehe wiederum Abb. 3. Derartige Verteilungen sind so normiert, dass die Fläche unter der jeweiligen Kurve (mathematisch das bestimmte Integral) gleich 1 = 100 % ist. In dieser Form spricht man von der *Wahrscheinlichkeitsdichtefunktion* (engl. *Probability Density Function, PDF*); denn nun lässt sich unter Vorgabe bestimmter Werteintervalle abschätzen, mit welcher Wahrscheinlichkeit diese Werte aufgetreten sind und möglicherweise auch in Zukunft auftreten werden, falls die betreffende PDF zeitlich stabil bleibt (was beim Klimawandel allerdings nicht der Fall ist; näheres dazu in Kap. 12). Im Fall der in Abb. 3 angenommenen Normalverteilung ist der Mittelwert zugleich der häufigs-

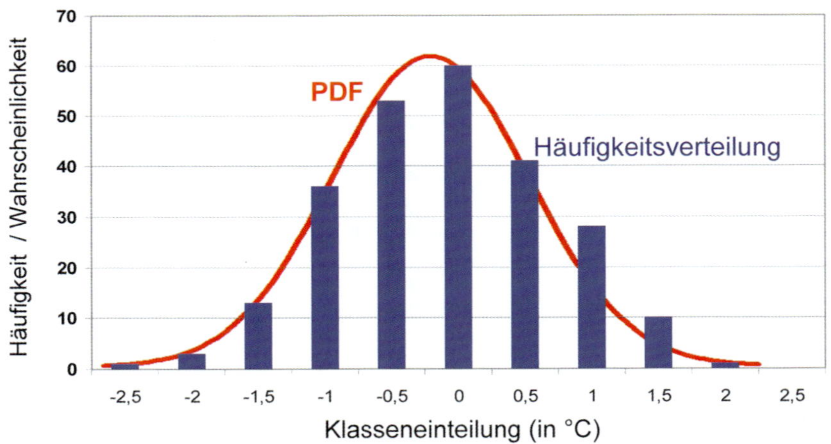

Abb. 3. Übergang von einer Häufigkeitsverteilung (blau) zur PDF (Probability Density Function, dt. Wahrscheinlichkeitsdichtefunktion), rot, am Beispiel der Jahreswerte der Deutschland-Mitteltemperatur 1761–2006.

te bzw. wahrscheinlichste Wert (Maximum der PDF-Kurve) und die Standardabweichung (s) ist der Abstand vom Mittelwert zu den Wendepunkten der PDF-Kurve (bzw. Häufigkeitsverteilung). Dass die PDF dazu genutzt werden kann, die Eintrittswahrscheinlichkeit von Extremwerten abzuschätzen, wird in Kap. 12 erläutert. Hier ist zunächst nur festzuhalten, dass zur Definition des Klimas somit nicht nur die Angabe mittlerer Werte, sondern auch der Streuung und der (mittleren und absoluten) Extremwerte gehört.

Nun sind wir soweit, das Klima wissenschaftlich exakt definieren zu können[115]: *Das (terrestrische) Klima ist die für einen Standort, eine definierbare Region oder ggf. auch globale statistische Beschreibung der relevanten Klimaelemente, die für eine nicht zu kleine zeitliche Größenordnung die Gegebenheiten und Variationen der Erdatmosphäre hinreichend ausführlich charakterisiert.*

Die zeitliche Größenordnung ist hier nicht definitiv genannt. Tatsächlich ist sie nur nach unten hin begrenzt, und zwar wie bereits ausgeführt so, dass sie wesentlich oberhalb von Wetter und Witterung liegt, mit der ebenfalls genannten, zwar willkürlichen aber sinnvollen Mindest-Betrachtungszeit von 30 Jahren. Sinnvoll ist das deswegen, weil sich ab diesem Zeitintervall Mittelwert und Varianz (bzw. Standardabweichung) hinreichend genau und stabil errechnen lassen. Da die indirekten Klimarekonstruktionen der Paläoklimatologie Jahrtausende, Jahrmillionen, ja im Extremfall sogar Jahrmilliarden umfassen (siehe Kap. 8), muss in diesem Fall das Klima mangels näherer Informationen allein durch das mittlere Temperaturniveau (falls zugänglich, auch Niederschlagsniveau) gekennzeichnet werden. Dies ist dann natürlich weniger genau als für den Zeitraum, aus dem direkte Messdaten zur Verfügung stehen. Trotzdem kann in der Klimatologie auf Informationen, die so lange Zeitspannen umfassen, nicht verzichtet werden.

In der Literatur gibt es eine gewisse Bandbreite und auch eine historische Entwicklung der Klimadefinitionen, wobei sich ab dem 20. Jahrhundert die statistische Betrachtungsweise durchgesetzt hat[43,115.] Aus neuerer Zeit sollen zwei Beispiele genannt sein:

Hubert H. Lamb[64], 1972: *Klima ist die Gesamtheit der Wettererscheinungen eines Ortes im Jahresgang und im Laufe der Jahre. Es umfasst nicht nur solche Bedingungen, die als „durchschnittlich" oder „normal" bezeichnet werden können, sondern auch die Extreme und alle Variationen.*

WMO (Weltmeteorologische Organisation)[141], 1979: *Klima ist die Synthese des Wetters über ein Zeitintervall, das im Wesentlichen lang genug ist, um die Festlegung der statistischen Ensemble-Charakteristika (Mittelwerte, Varianzen, Wahrscheinlichkeiten extremer Ereignisse usw.) zu ermöglichen und das weitgehend unabhängig bezüglich irgendwelcher augenblicklicher Zustände ist.*

Gerne zitiert wird auch eine Definition, die von Alexander von Humboldt[49] (1845) stammt und nicht nur die Variabilität des Klimas anspricht, sondern auch erstaunlich ausführlich auf bioklimatologische Auswirkungen, ja sogar psychologische Effekte Bezug nimmt und nicht zuletzt auch die Sorge vor Luftverschmutzung erkennen lässt. Man kann das fast als Vorstufe zur Klimawirkungs- und Umweltforschung ansehen, die bei den späteren wesentlich nüchternen statistisch orientierten Definitionen zunächst verloren gegangen ist, ganz im Gegensatz zur Klimawirkungs-(Klimafolgen-)Forschung selbst, die gerade in jüngerer Zeit sehr an Bedeutung gewonnen hat. VON HUMBOLDTS Definition lautet in vollständiger Form[11,115]: *Der Ausdruck Klima bezeichnet in seinem allgemeinen Sinne alle Veränderungen in der Atmosphäre, die unsere Organe merklich affizieren: die Temperatur, die Feuchtigkeit, die Veränderungen des barometrischen Druckes, den ruhigen Luftzustand oder die Wirkung ungleichnamiger Winde, die Größe der elektrischen Spannung, die Reinheit der Atmosphäre oder ihre Vermengung mit mehr oder minder schädlichen gasförmigen Exhalationen, endlich den Grad habitueller Durchsichtigkeit und Heiterkeit des Himmels, welcher nicht bloß wichtig ist für die vermehrte Wärmestrahlung des Bodens, die organische Entwicklung der Gewächse und die Reifung der Früchte, sondern auch für die Gefühle und die ganze Seelenstimmung des Menschen.*

Kehren wir zur derzeit eher nüchternen naturwissenschaftlichen Betrachtung zurück, so fehlt noch die Definition des *Klimawandels*. Dazu muss zuerst der Begriff *„Klimazustand"* definiert werden: Die statistischen Charakteristika des Klimas, die für eine gewisse Zeit annähernd stabil bleiben, wobei das Ausmaß der Stabilität eine Frage der näheren quantitativen Definitionen ist. Als kürzestes Zeitintervall für einen Klimazustand kann man wieder, eigentlich entgegen besseren Wissens, eine 30-jährige Zeitspanne ansehen, z.B. 1961–1990, oder aber das Industriezeitalter (ab ca. 1750/1800) gegenüber der vorindustriellen Zeit (siehe Kap. 10) oder aber das Holozän, d.h. die letzten rund 10.000 Jahre gegenüber der vorangegangenen Eiszeit (siehe Kap. 9) und so weiter. Dann ist der Klimawandel (engl. Climate Change) der Übergang von einem Klimazustand zu einem anderen. Allgemeiner kann man auch von *Klimaänderungen* (Climate Variations) sprechen und damit die zeitlichen Veränderungen eines oder mehrerer Klimaelemente an einem bestimmten Ort, einer Region oder auch global über eine relativ lange Zeit meinen. In diesem Buch wird beides miteinander verbunden: die Betrachtung des Klimawandels anhand der Klimaänderungen bestimmter Klimaelemente, und dies auch in den räumlich Strukturen.

4 Klimainformationen

Um den Klimawandel zuverlässig und genau beschreiben zu können, sind Klimainformationen erforderlich. In den beiden vorangegangenen Kapiteln haben wir gesehen, wie aus Wetterinformationen, genauer Daten der einzelnen Wetterelemente, Klimadaten der Klimaelemente werden, nämlich indem diese Daten für einen ausreichend langen Zeitraum dokumentiert und somit verfügbar sind. Auch wissen wir bereits, dass dieser ausreichend lange Zeitraum bei einigen Jahrzehnten beginnt (nach den Empfehlungen der WMO mindestens 30 Jahre, vgl. Kap. 3) und nach oben hin zunächst offen ist. Die statistische Analyse dieser Daten erlaubt dann, das Klima und den Klimawandel der Vergangenheit statistisch zu analysieren.

Auch der Begriff *„Neoklima"* ist bereits genannt worden. Darunter verstehen wir alle Klimadaten beliebiger Klimaelemente, die auf direkten Messungen beruhen. In der englischsprachigen Literatur wird auch von der „instrumentellen Periode" (Instrumental Period) gesprochen, was deswegen ein wenig missverständlich ist, weil in der Paläoklimatologie (siehe unten) ebenfalls Messgeräte verwendet werden. Natürlich ist das Neoklima die genaueste Informationsquelle der Klimatologie. Es reicht, wie bereits erwähnt, maximal bis zum Jahr 1659 zurück, wie aus der folgenden kleinen Zusammenstellung deutlich wird; denn die am längsten an jeweils einer Station (bei der Temperatur ist es eine Region) erfassten Messdaten sind[77,102,115]:

- Bodennahe **Lufttemperatur** seit 1659 in „Zentral-England" (vgl. Kap. 1 und 3);
- **Niederschlag** (mit vergleichsweise modernen Messgeräten) seit 1697 in Kew (bei London);
- **Luftdruck** seit 1740 in De Bilt, Niederlande;
- **Wind** seit 1781 auf dem Hohenpeißenberg (bayerisches Alpenvorland);
- **Sonnenscheindauer** seit 1880 wiederum in Kew (bei London);
- **Schneedeckenhöhe** seit 1881 in Wien.

Für die Analyse des Klimawandels sind, insbesondere auch mit Blick auf die noch weiter zurückliegende Vergangenheit, vor allem Temperatur und Niederschlag von Bedeutung. Daher gibt es für diese beiden Klimaelemente globale Datensätze in Gitterpunktform seit maximal 1850 (Temperatur) bzw. 1900 (Niederschlag), woraus sich dann auch regionale bzw. globale Mittelwerte errechnen lassen.

Die Genauigkeit heutiger *Temperaturmessungen* mit Präzisionsthermometern liegt bei ± 0,1 °C; vor einem Jahrhundert war sie sicher geringer, vielleicht nur ± 0,5 °C oder gar nur ± 1 °C. Nach den Gesetzen der statistischen Fehlerrechnung[116] sind jedoch Mittelwerte genauer als Einzelwerte, Jahresmittelwerte somit sehr viel genauer als Tageswerte. Daher stellen die großen internationalen Datenzentren die monatlichen und jährlichen globalen Temperaturwerte mindestens auf ± 0,01 °C, teilweise sogar ± 0,001 °C zur Verfügung. Selbstverständlich werden dabei auch physikalische Grundprinzipien berücksichtigt, so Messungen im Schatten (in der Sonne misst man vorwiegend die Absorptionseigenschaften des jeweiligen Thermometers) mit weltweit einheitlichen Thermometern und vor allem auch Aufstellungen (in besonderen, mit Luftschlitzen versehenen, weiß angestrichenen sog. „Englischen Hütten" und in ebenem, mit kurzem Gras bewachsenen Gelände)[41]. Messgerätewechsel, insbesondere aber Stationsverlegungen können zu sog. Inhomogenitäten führen, d.h., da die Temperaturgegebenheiten mit dem Standort wechseln, kann dies Klimaänderungen vortäuschen, die gar nicht real sind. Beispielsweise ist es in der Stadt im Mittel wärmer als in der Umgebung. Durch Parallelmessungen werden i.a. diese Unterschiede erfasst und berücksichtigt, die Messreihen also „homogenisiert". Die großen internationalen Datenzentren geben sich große Mühe, derartige Fehler zu vermeiden bzw. zu eliminieren.

Wesentlich problematischer ist die Niederschlagsmessung. Zum einen werden weltweit keine einheitlichen Messgeräte verwendet (die im Wesentlichen zylinderförmige relativ kleine Tonnen sind, in die der Regen hineinfällt bzw. wo der Schnee zu Wasser geschmolzen wird); zum anderen können unter Umständen erhebliche Messfehler auftreten, beispielsweise wenn der Niederschlag als Schnee fällt und relativ starker Wind verhindert, dass er senkrecht in das Messgerät hineinfällt (durch solches „Verblasen" wird zu wenig Niederschlag gemessen). Neben den internationalen Datenzentren in den USA und in England, die in Kap. 10 zitiert werden, gibt es in Deutschland das beim Deutschen Wetterdienst (DWD) angesiedelte Global Precipitation Climate Center (GPCC, Weltniederschlagszentrum), das sich mit solchen Problemen und der damit zusammenhängenden Datenbearbeitung beschäftigt.

Die zweite Gruppe von Klimainformationen stellt die *„historische Klimatologie"* bereit[4,40,58,64,65,92,140]. Obwohl sie für die letzten maximal ungefähr sechs Jahrtausende etliche hochinteressante Einblicke in die Klimaentwicklung und deren Auswirkungen erlaubt, sind im Rahmen der modernen Datenverarbeitung die Nutzungsmöglichkeiten sehr eingeschränkt; denn es handelt sich dabei nicht um direkte Messwerte, sondern verbale Beschreibungen bzw. Phänomene, die nur indirekt auf das Klima und seinen Wandel schließen lassen. Dazu gehören die bereits genannten Witterungstagebücher (vgl. Kap. 1), Annalen und Chroniken der öffentlichen Verwaltung (z.B. Beschreibungen von Extremereignissen), Gemälde und frühe Fotografien (z.B. von Gebirgsgletschern), Hochwassermarken an Flüssen, historische Daten über Seegefrörnisse (also das mehr oder weniger vollständige Zufrieren von Seen) und Küstenvereisungen, phänologische Daten (zu bestimmten Wachstumsphasen der Vegetation, z.B. Blühbeginn und Laubverfärbung von Bäumen), Informationen zur Weinqualität und zu Getreidepreisen, geomorphologische Phänomene (d.h. zur Geländestruktur, z.B. in Form ehemaliger Weinbergterrassen außerhalb heutiger Weinanbaugebiete) und vieles mehr. Am weitesten zurück reichen die nordafrikanischen Höhlenmalereien[58], nämlich bis ins 6. Jahrtausend vor heute oder möglicherweise noch weiter, z.B. in Algerien, die Tiere und Jagdszenen in heutigen Wüsten darstellen. Daraus lässt sich schließen, dass damals Vegetation existierte, die Weidemöglichkeiten geboten hat, und daher deutlich mehr Niederschlag gefallen sein muss als heute. Satellitenaufnahmen, die dort die Spuren ehemaliger Flussläufe erkennen lassen, stützen solche Hypothesen. Nicht wenige Wissenschaftler haben sich intensiv mit diesen historischen Klimainformation beschäftigt, z.B. der Schweizer Klimahistoriker Christian Pfister[92] (*1944), der u.a. auf verbalen historischen Informationen beruhende thermische (Temperatur) und hygrische (Niederschlag) Indizes (und somit Zahlenwerte) für das Klima der Schweiz abgeschätzt hat. Sehr frühe Niederschlagsmessungen mit primitiven Methoden, z.B. in Indien, können als Übergang von der historischen zur Neoklimatologie angesehen werden.

In diesem Buch soll statt einer weiteren Beschäftigung mit der historischen Klimatologie nun eine Übersicht der enorm wichtigen *„Paläoklimatologie"* folgen, als dritte und letzte Gruppe der Klimainformationen[10,12,22,28,33,34,48,58,59,62,64,87–89,104,123,129,137]. Es handelt sich dabei um eine große Vielfalt von Rekonstruktionstechniken, bei der zum Teil mit großem Aufwand durchaus Messdaten erfasst werden, aber nicht die Klimaelemente selbst. Vielmehr muss indirekt darauf geschlossen werden (über sog. Transferfunktionen). Die maximale Reichweite liegt bei sage und schreibe 3,8 Milliarden Jahren, so dass fast die gesamte Erdgeschichte (4,6 Mrd. Jahre) paläoklimatologisch erfasst ist. Jedoch sind je nach der unter zahlreichen Möglichkeiten ausgewählten Methode Verlässlichkeit, Genauigkeit und räumlicher Bezug sehr unterschiedlich. Allgemein ist es natürlich so, dass die Informationen umso ungenauer werden, je weiter sie zurückreichen. Aber immerhin gibt es bis in etwa 100 Jahrmillionen Jahre zurück relativ verlässliche und detaillierte quantitative Daten, während die noch weiter zurückreichenden Informationen relativ grob und im Wesentlichen qualitativ sind.

Aus der großen Vielfalt sollen nun einige Methoden ausgewählt und kurz charakterisiert werden.

- **Dendroklimatologie**[118]: Ausgenützt wird die Tatsache, dass außerhalb der Tropen die Bäume nur in der sog. Vegetationsperiode (Frühjahr bis Herbst) wachsen und deswegen Jahresringe bilden. Die Breite dieser Ringe spiegelt dabei einen Komplex aus vor allem Temperatur-, Niederschlags- und Bodenfeuchtebedingungen wider. Durch geeignete Standortauswahl kann es gelingen, ein dominantes Klimaelement zu erfassen (z.B. die Temperatur an feuchten Standorten in der Nähe der Baumgrenze oder wo an warmen Standorten vor allem der limitierte Niederschlag Einfluss nimmt). Wird statt der Ringbreite mit Röntgenmethoden die Holzdichte gemessen (Radiodensitometrie), so gilt das als ein besonders gutes Indiz für die (Spätsommer- bis Herbst-) Temperatur. Das Lebensalter der Bäume liegt grob zwischen 100 und 1.000 Jahren; jedoch gelingt es durch „Aneinanderhängen" von Baumringchronologien (beginnend mit lebenden Bäumen, weiter z.B. mit Balken aus Holzbauten jetziger bzw. früherer Zeiten, sofern sich das Holz erhalten hat (z.B. in Mooren)) die Reichweite der dendroklimatologischen Klimarekonstruktion bis in die Größenordnung von ca. 10.000 Jahren hochzuschrauben.

- **Eisbohrungen**: Hierzu existiert eine wahre Flut von Literatur, so dass hier nur zusammenfassende Darstellungen zitiert sind[54,87,112,115,129]. Dies gilt in ähnlicher Weise auch für die weiteren paläoklimatologischen Informationsquellen. (Einige Lehrbücher dazu sind in der Bibliographie zusammengestellt.) Eine der wichtigsten paläoklimatologischen Rekonstruktionsmethoden sind Bohrungen im polaren Eis[129], und zwar in Grönland und der Antarktis, wo die unteren ältesten Eisschichten ca. 100.000 bzw. ca. 800.000 Jahre alt sind (in ca. 1 bzw. ca. 4 km Tiefe). Dabei hilft ganz wesentlich die Entdeckung, dass das Sauerstoff-Isotopenverhältnis temperaturabhängig ist. Isotope sind Atome, die in ihrem Kern zwar aus gleich viel Protonen (positiv geladenen Atomkernbausteinen, die die Art des Atoms und somit Elements bestimmen) bestehen, aber unterschiedlich vielen Neutronen (neutralen Atomkernbausteinen) besitzen. Sauerstoff (O) besitzt im Kern 8 Protonen, hat also die Ordnungszahl 8. Das Isotop ^{16}O besitzt dazu 8 Neutronen, so dass die Summe aus beidem, die sog. Massenzahl, 16 beträgt. Bei ^{18}O sind es entsprechend zwei Neutronen mehr. Und $^{18}O/^{16}O$ ist das Isotopenverhältnis, das im Massenspektrometer gemessen werden und in Temperaturdaten umgerechnet werden kann. Von speziellen Bohrtürmen aus werden bei den Eisbohrungen Eisproben aus unterschiedlicher Tiefe und damit unterschiedlichen Alters entnommen und zur Analyse (tiefgefroren) in die Labors gebracht. Weniger gut funktioniert die Rekonstruktion des Niederschlags aus der Dicke unterscheidbarer Eisschichten. Dagegen sind außer der $^{18}O/^{16}O$-Methode noch weitere Isotopentechniken entwickelt worden, wobei z.B. aus Beryllium-Isotopen die Sonnenaktivität bestimmt werden kann. Staubschichten können auf Vulkanausbrüche hinweisen, deren Stärke raffiniert durch Messungen der elektrischen Leitfähigkeit abgeschätzt werden kann. Nicht zuletzt enthält das polare Eis auch Gaseinschlüsse, die es erlauben, den früheren Gehalt der Atmosphäre an CO_2, CH_4 und mit Einschränkungen auch N_2O abzuschätzen. Neben diesen vielen Vorteilen der Eisbohrungen, die im Prinzip auch bei Gebirgsgletschern anwendbar sind (dann natürlich mit wesentlich kürzerer zeitlicher Reichweite), gibt es allerdings auch Nachteile: So ist im obersten polaren Eis zwar eine Jahresschichtung erkennbar, nach unten hin wird das Eis jedoch durch den enormen Druck immer mehr komprimiert, so dass man ganz unten nur noch Auflösungen von ca. 1000 Jahren realisieren kann.

- **Pflanzenpollen-Spektren**: Durch Bohrungen an Land in Regionen mit Vegetation lässt sich die Zusammensetzung der Pflanzenpollenarten und damit auch die Zusammensetzung der Flora in früherer Zeit rekonstruieren; man spricht von Pollenspektren. Deren zeitliche Reichweite liegt zwar bei theoretisch 10.000 bis 100.000 Jahren, die Zuordnung zu bestimmten Klimaelementen ist jedoch noch wesentlich schwieriger als bei der Densitometrie und auch die zeitliche Auflösung liegt bestenfalls bei einigen Jahrhunderten. Findet man bei solchen Bohrungen Schotterschichten, so weist dies auf damals sehr kalte Klimazustände (ohne Vegetation) hin.
- **Tiefseebohrungen**: Führt man von speziellen Bohrschiffen aus Sedimentbohrungen am Boden der Tiefsee durch (wobei zuerst die entsprechende Wasserschicht von i.a. mehreren Kilometern durchteuft werden muss), so kann wieder die $^{18}O/^{16}O$-Isotopenmethode zur Anwendung kommen, wobei nun nicht Eis ($H_2\underline{O}$), sondern kalkbildende Mikroorganismen analysiert werden (u.a. sog. Foraminiferen); denn Kalk ($CaC\underline{O}_3$) enthält ebenfalls Sauerstoff. Neben Temperaturrekonstruktionen ist auch versucht worden, auf den Salzgehalt des Ozeanwassers und Windgegebenheiten zu schließen, was allerdings nur in sehr grober Näherung gelingt. Die zeitliche Reichweite der $^{18}O/^{16}O$-Isotopenanalyse liegt in diesem Fall zwischen einigen bis maximal ca. 100 Jahrmillionen.
- **Besondere mineralogische und geomorphologische Phänomene**: Die Boden- und Sediment- bzw. Gesteinsart, die sog. Bodenschätze (z.B. Mineralien, aber auch Kohle und Salz) und Hinterlassenschaften von Eisbewegungen an der Erdoberfläche (z.B. Moränen, Gletscherschliffe usw., in der Geomorphologie analysiert) lassen zwar keine quantitativen, aber grobe qualitative Rückschlüsse auf das Klima früherer Zeiten zu, wobei allerdings die dazu nötigen Altersbestimmungen problematisch sind. Beispielweise weisen Kohlevorkommen auf feucht-warmes Klima hin (mit damals entsprechend üppiger Vegetation), Salzvorkommen auf warm-trockenes (mit ausgeprägter Verdunstung von Wasser wie bei den heutigen Salzseen). Für die früheste Zeit gibt es dann nur noch entweder Hinweise auf Eisbewegungen (mit Moränenbildung bzw. Gletscherschliffen, also relativ kalt) bzw. das Fehlen dieser Indizien (vermutlich relativ warm). Da die ältesten erhaltenen Sedimente ca. 3,8 Mrd. Jahre alt sind, abgesehen von den noch älteren, aber klimatologisch nicht nutzbaren Zirkonen[89]), ist damit die Grenze der paläoklimatologischen Klimarekonstruktion erreicht.

5 Klimasystem

Nun wissen wir, wie umfangreich und vielfältig unsere Informationen über das Klima und somit auch über den Klimawandel der Vergangenheit sind. Angesichts dieser Erkenntnisse stellt sich die Frage: Was ist die Ursache von Klima und insbesondere Klimawandel, was steuert diese Phänomene? Es darf nicht verwundern, dass die Antwort auf diese Frage ähnlich komplex und kompliziert ist wie die Rekonstruktion von Klima und Klimawandel der Vergangenheit selbst. Ein Wissenschaftler würde, wenn er sich ganz knapp und doch treffend ausdrücken müsste, dem Sinne nach in etwa so antworten:

Klima und Klimawandel werden durch die internen Wechselwirkungen im Klimasystem und die externen Einflüsse darauf gesteuert.

Dies muss natürlich näher erläutert werden. In diesem Kapitel geht es dabei zunächst nur um das *Klimasystem* selbst[21,28,50,115]. Darunter verstehen wir das Verbundsystem aus *Atmosphäre*, *Hydrosphäre* (Wasser), *Kryosphäre* (Eis), *Lithosphäre* (Gesteine an und unter der Erdoberfläche), *Pedosphäre* (Boden) und *Biosphäre* (Leben), siehe Abb. 4. Dies sind die Komponenten des Klimasystems. Die Atmosphäre wurde in Kap. 2 schon näher charakterisiert. Die Hydrosphäre besteht aus dem Salzwasser des Ozeans, kurz Ozean, und dem Süßwasser der Landgebiete (Flüsse, Seen und Grundwasser), auch Süßwassersphäre genannt. Die Kryosphäre wird durch die großen Inlandeise (die Eisschilde von Antarktis und Grönland), die Gebirgsgletscher und das Meereis gebildet. Schnee wird meist der Kryosphäre zugerechnet, gelegentlich aber auch als *Chionosphäre* separat betrachtet. Litho- und Pedosphäre sowie der Ozean und sonstige Wasserflächen bilden an ihrer Obergrenze die für das Klima wichtige Grenzfläche zur Atmosphäre. Bei der Biosphäre ist klimatisch vor allem die Vegetation wichtig, weniger die Tiere. Zum Leben auf der Erde zählt natürlich auch die Menschheit, neuerdings häufig als *Anthroposphäre* bezeichnet.

Alle diese Sphären, die Komponenten des Klimasystems, haben unterschiedliche *quantitative bzw. physikalische Charakteristika.* Da insbesondere die physikalischen Charakteristika und Prozesse für das Klima bzw. den Klimawandel von enormer Wichtigkeit sind, ist ihnen das folgende Kapitel (Kap. 6) gewidmet. Hier sollen nur einige wenige Basisinformationen gegeben werden[50,115]. Quantitativ-formal gesehen bedeckt der Weltozean 70,8 % der Erdoberfläche (361 Mill. km^2), das Land daher nur 29,2 % (149 Mill. km^2; die gesamte Erdoberfläche somit 510 Mill. km^2). Vegetation finden wir nur auf 20,2 % der Erdoberfläche (69 % der Landoberfläche). Da unsere Ernährung, weitgehend durch Land- und Weidewirtschaft, davon abhängt, zeigt sich schon hier, wie schützenswert die Biosphäre ist. Der Rest der Landoberfläche ist entweder von (Hitze-) Wüsten oder von Eis (Kältewüsten) bedeckt. Das Landeis, das empfindlich auf den Klimawandel reagiert (näheres in Kap. 13), bedeckt mit 14,5 Mill. km^2 9,4 % der Landober-

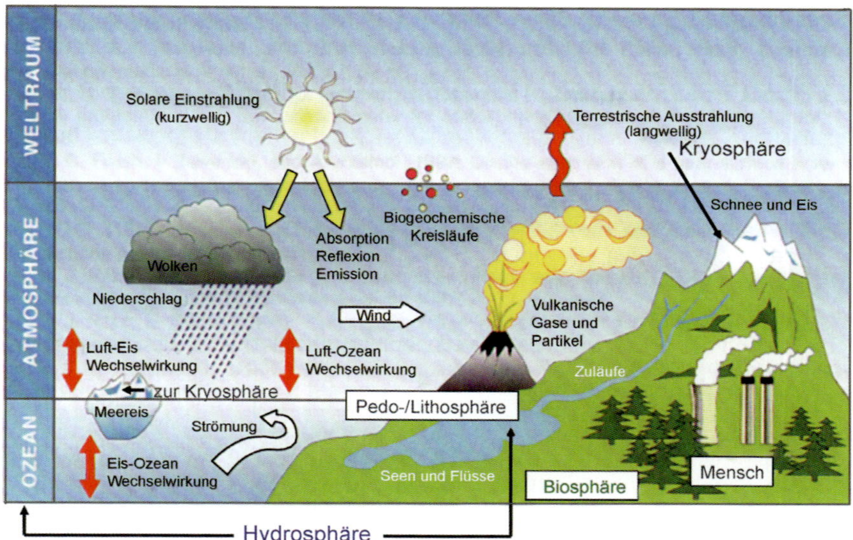

Abb. 4. Komponenten des Klimasystems und Klimaprozesse; nach CUBASCH und KASANG[21], ergänzt.

fläche (2,8 % der Erdoberfläche). Die Meereisbedeckung ist jahreszeitlich stark variabel. Im Mittel sind derzeit 26 Mill. km^2 davon bedeckt; das sind 7,2 % der Ozeanoberfläche.

Außer diesen quantitativ-formalen sollen hier noch kurz einige grundlegende physikalische Charakteristika des Klimasystems genannt werden. So beträgt die Dichte (Masse pro Volumen) der Atmosphäre in Meeresspiegelhöhe nur 1,3 kg/m^3 (Kilogramm pro Kubikmeter) und nimmt nach oben hin stark ab (vgl. Kap. 2). Trotzdem bringt sie es auf eine Gesamtmasse von rund 5 • 10^{18} kg (10^{18} ist eine „1“ mit 18 Nullen). Doch der Ozean stellt sie mit einer Dichte von 1.000 kg/m^3 und einer Masse von 1350 • 10^{18} kg weit in den Schatten. Die Dichte von Eis ist etwas geringer als die von Wasser (daher schwimmt es), wobei das Meereis aus physikalischen Gründen nur maximal ca. 5 m dick werden kann. Das Inlandeis der Antarktis erreicht dagegen eine Dicke von maximal 4,8 km (Grönland maximal 3,4 km). Daher beträgt die Masse des Landeises 28 • 10^{18} kg, die des Meereises dagegen nur 0,4 •10^{18} kg. Sehr bemerkenswert ist, dass die in ihrer Dichte sehr variable Vegetation (ca. 100–800 kg/m^3) in (zum Vergleich) gleichen Maßeinheiten lediglich eine Masse von 0,002 • 10^{18} kg hat. Schließlich sei die physikalisch wichtige spezifische Wärmekapazität erwähnt, eine sog. physikalische Materialkonstante. Sie bestimmt, wie viel bzw. wenig sich Masse bei Einstrahlung (z.B.

durch die Sonne) erwärmt und – nicht zu vergessen – bei Ausstrahlung abkühlt (zur Physik der Strahlung siehe Kap. 6). Die Wirkung der Wärmekapazität ist bei Landoberflächen, insbesondere Gestein oder Sand, etwa um den Faktor 4,5 höher als bei Wasser (bei Vegetation etwas variabel um den Faktor ca. 3). Jeder Seeurlauber kennt diesen Effekt, wenn tagsüber der Sand der Küste sehr heiß wird, das Wasser dagegen angenehm kühl bleibt.

So viel zur Kurzcharakteristik des Klimasystems. Es bleiben aber noch die Fragen offen, was interne Wechselwirkungen und externe Einflüsse sind. Um dies zu verstehen, benötigen wir einige physikalische Grundlagen, die im folgenden Kap. 6 zusammengestellt sind. Vorab sei nur kurz folgendes gesagt: Die *internen Wechselwirkungen* sind vor allem hinsichtlich der Bewegungsvorgänge in der Atmosphäre, im Ozean und der Koppelung dieser beiden Sphären wichtig (siehe erneut Abb. 4). In der Fachwelt wird von Zirkulation gesprochen, die bei vollständiger Betrachtung immer dreidimensional ist (einschließlich ihrer zeitlichen Veränderung sogar vierdimensional). Bei den Bewegungsvorgängen in der Atmosphäre handelt es sich deshalb um Wechselwirkungen, weil sie zum Teil von der Erdoberfläche beeinflusst werden. Das ist beispielsweise bei der Entstehung von Tief- und Hochdruckgebieten der Fall und in globalem Maßstab bei der sog. allgemeinen atmosphärischen Zirkulation. Beides wird in Kap. 6 ausführlich behandelt. In ähnlicher Weise werden die atmosphärischen Bewegungsvorgänge auch von Eis und Schnee beeinflusst. Die Meeresströmungen werden generell vom atmosphärischen Wind beeinflusst, die Temperatur der Meeresoberfläche hat in vielfältiger Weise einen Einfluss auf die Atmosphäre, und beim – ebenfalls in Kap. 6 zu besprechenden – El-Niño-Phänomen handelt es sich prinzipiell um intensive atmosphärisch-ozeanische Wechselwirkungen.

Zu den *externen Einflüssen* auf das Klimasystem sei hier nur angemerkt, dass sie durch Strahlungsprozesse gesteuert werden, die ein besonders wichtiger Aspekt der Klimaphysik sind (siehe Kap. 6). Beispiele sind (vgl. Abb. 4) direkte oder indirekte Änderungen der Intensität der Sonneneinstrahlung, Vulkanausbrüche, die die Zusammensetzung der Erdatmosphäre durch zusätzliche Partikel und dadurch wieder die atmosphärische Strahlung verändern, und nicht zuletzt die Menschheit. Sie verändert die physikalischen Eigenschaften der Erdoberfläche durch Bebauung und Landwirtschaft und die Zusammensetzung der Atmosphäre durch die Emission klimawirksamer Spurengase und Partikel, was sich alles wiederum in Strahlungsprozessen niederschlägt. Externe Einflüsse sind primär keine Wechselwirkungen. So beeinflusst die Sonneneinstrahlung die Atmosphäre und damit das Klima, aber umgekehrt die Atmosphäre nicht die Sonneneinstrahlung. Jedoch können externe Einflüsse durch interne Wechselwirkungen im Klimasystem modifiziert werden (siehe Kap. 6).

Bevor wir in diese klimaphysikalischen Betrachtungen einsteigen, sind in Tab. 3 nochmals die *typischen Geschwindigkeiten und Zykluszeiten* des Klimasystems zusammengestellt. Es ist nämlich so, dass nicht nur die Atmosphäre und der Ozean sich (dreidimensional) bewegen, also zirkulieren, sondern auch die Eisgebiete und sogar die feste Erde. Von den Gebirgsgletschern wissen wir, dass ihre Zungen manchmal vorstoßen und sich manchmal zurückziehen (in neuerer Zeit besonders prägnant, siehe Kap. 13) und dass es sich auch dabei um Wechselwirkungen handelt, weil das Verhalten der Gebirgsgletscher von der Lufttemperatur und vom Niederschlag abhängt, also mit der Atmosphäre wechselwirkt. Dabei wachsen sie i.a. im oberen Bereich durch Schneeauflage und verlieren im unteren Bereich Masse durch Schmelzprozesse. Die Bilanz aus beidem, die Gletscher-Massenbilanz, entscheidet darüber, ob sie insgesamt wachsen oder sich zurückziehen. Ähnlich ist es bei den großen Inlandeisen (Eisschilden) in Grönland und der Antarktis, die i.a. in ihrem Zentrum wachsen und an den Rändern durch „Kalbung" (Abbrechen von Eisbergen) und Schmelzprozesse (dies übrigens auch unter dem Eis) Masse verlieren. In diesem Fall ist die Zykluszeit als die Zeit definiert, die ein Teilchen nach der Ablagerung mit der Schneeauflage und Überdeckung mit immer weiteren Schnee- und durch Druck entstehenden Eisschichten nach seiner Wanderung nach unten und an die Eisränder (mit dem Schmelzwasser) benötigt, wo es dann den jeweiligen Eisschild wieder verlässt. Beim Ozean ist wegen der dreidimensionalen Verbindung der Meeresströmungen weltweit (einschließlich Absinken und sog. Aufquellen an anderen Stellen) die Zykluszeit so definiert, dass betrachtet wird, wie lange ein Teilchen, das irgendwo in den Ozean gelangt, nach Durchlaufen des globalen dreidimensionalen „Förderbands" die selbe Stelle wieder erreicht. Für die Atmosphäre gibt es mehrere unterschiedliche Zykluszeiten. In Tab. 3 ist primär an den globalen Wasserkreislauf gedacht, also die mittlere Zeit zwischen der Verdunstung eines Wassertropfens irgendwo im oberflächennahen Ozean, Aufsteigen in Wolken, mit ihnen Transport zum Land und dort Wiedererreichen der Erdoberfläche durch Niederschlag und Abfluss.

Tabelle 3. Grobübersicht der Größenordnungen der charakteristischen mittleren Zirkulation im Klimasystem (zur Zykluszeit siehe Text)[115].

Komponente	charakterstische Geschwindigkeit	charakteristische Zykluszeit
Atmosphäre	40 km/h	10 Tage (Wasserkreislauf)
Ozean (Mischungsschicht)	0,5 km/h	10 Jahre
Kryosphäre (polare Eisschilde)	10 m pro Jahr	100 – 1000 Jahre
Lithosphäre (Kontinentaldrift)	mm bis cm pro Jahr	einige hundert Mill. Jahre

Besonders langsam und innerhalb eines Menschenalters kaum feststellbar ist die Zirkulation der festen Erde, seit den wegweisenden Arbeiten des Meteorologen und Polarforschers Alfred Wegener (1880–1930) als *Kontinentaldrift* bekannt[12,123]. Diese Drift kommt dadurch zustande, dass in bestimmten Bereichen der Erde, z.B. im Mittelatlantischen Rücken (ein Gebirge im Atlantik unterhalb des Meeresspiegels) Material aus dem Erdinneren nach oben geführt wird und dort die sog. Erdplatten auseinander drückt und somit in Bewegung versetzt. Die Kraft, die dies bewirkt, wird tektonisch genannt (auch „Meeresbodenverbreiterung“, „Sea Floor Spreading“). Die Erdoberfläche gliedert sich in eine Reihe von regionalen Bereichen, genannt Platten, die auf dem Untergrund der tieferen Erde (in etlichen Kilometern Tiefe, Größenordnung um die 10 km) sozusagen schwimmen. Da die Erdoberfläche endlich ist, stoßen die tektonischen Platten an anderen Stellen zusammen, was dort zweierlei bewirken kann: die Auffaltung von Gebirgen oder das Absinken einer Platte unter die andere, die Subduktion. Ein Beispiel für den ersten Fall sind die Alpen, die durch die Kollision der europäischen mit der afrikanischen Platte entstanden sind, für den zweiten Fall der ganze Bereich um den Pazifik herum. Insbesondere diese Subduktionszonen, aber eigentlich generell die Kollisionszonen von tektonischen Platten, sind Unruhegebiete, gekennzeichnet durch Erdbeben und besonders viele Vulkanausbrüche (die allerdings auch woanders auftreten, sog. „Hot Spots“, wie z.B. in Hawaii). Die Zykluszeit der Zirkulation der festen Erde ist theoretisch durch die Zeit zwischen einer Subduktion, Transport im Erdinneren und Wiedererreichen der Erdoberfläche, z.B. im Mittelatlantischen Rücken, definiert. Insgesamt hat die Kontinentaldrift dazu geführt, dass sich die Land-/Meerverteilung im Lauf der Erdgeschichte enorm verändert hat. Wie wir im Kap. 8 sehen werden, ist für den Klimawandel dabei insbesondere wichtig, ob sich im Bereich der geographischen Pole Landflächen befinden oder nicht. Außerdem werden durch die Land-Meer-Verteilung die Meeresströmungen entscheidend beeinflusst.

6 Klimaphysik

Nun sollen zunächst die internen Wechselwirkungen im Klimasystem und anschließend die externen Einflüsse darauf anhand der wichtigsten physikalischen Prinzipien und Gesetze im Überblick erklärt werden[11,42,44,71,91,101,115]. Hinsichtlich der *internen Wechselwirkungen* ist bereits gesagt worden (Kap. 5), dass sie mit den Bewegungsvorgängen in der Atmosphäre und im Ozean, der bei vollständiger Betrachtung stets dreidimensionalen Zirkulation, zu tun haben. Die *Zirkulation der Atmosphäre* beruht zunächst auf der Bildung bzw. Existenz von *Tief- und Hochdruckgebieten*, kurz Tiefs und Hochs, d.h. Regionen, die horizontal gesehen durch einen relativ tiefen bzw. hohen Luftdruck gegenüber der Umgebung gekennzeichnet sind. Dabei ist der einfachste Entstehungsmechanismus thermisch, siehe Abb. 5: Ist eine Region an der Erdoberfläche relativ warm gegenüber ihrer Umgebung, z.B. das Land an der Küste gegenüber dem Meer tagsüber, also aus Gründen der bereits besprochenen unterschiedlichen Wärmekapazität (vgl. Kap. 5), so gilt das aufgrund der Wärmeleitung auch für die bodennahe Luftschicht darüber. Da sich Luft bei Erwärmung ausdehnt, hat sie nun gegenüber der Umgebung eine relativ geringere Dichte, da nach einem der grundlegenden physikalischen Gasgesetze das Produkt aus Temperatur und Dichte bei konstantem Druck konstant ist; also: hohe Temperatur, geringe Dichte, tiefe Temperatur, große Dichte. Und Dichteunterschiede sind sowohl in der Atmosphäre als auch im Ozean der Motor für Zirkulation.

Wie das Schema in Abb. 5 zeigt, wird somit die Warmluft gehoben und divergiert. Dadurch kommt es zu einem Massenabfluss und der Luftdruck fällt. Das wiederum hat zur Folge, dass bodennah Luft in das Tiefdruckgebiet angesaugt wird. Es entsteht dort das Strömungsbild einer Konvergenz, im Gegensatz zur Divergenz in gewisser Höhe. Umgekehrt – und das könnte wiederum an der Küste der Fall sein, jetzt jedoch über dem Meer – sinkt Kaltluft ab, weil sie eine relativ hohe Dichte hat. Dadurch steigt der Luftdruck und am Boden kann die Luft nur durch Divergenz abfließen. Zusammen bildet das in diesem Fall thermische Tief mit dem thermischen Hoch ein sog. vertikal angeordnetes *Zirkulationsrad.* Horizontal gesehen wird auf der Nordhalbkugel ein Tief entgegen dem Uhrzeigersinn und ein Hoch im Uhrzeigersinn umströmt; siehe wiederum Abb. 5. Dabei spielt die auf der Erdrotation beruhende Corioliskraft eine Rolle, die Luftströmungen auf der Nordhalbkugel nach rechts ablenkt (und auf der Südhalbkugel nach links). In der bodennahen Luftschicht (bis in ca. 1–3 km Höhe) kommt noch die Reibungskraft hinzu, die eine Strömungskomponente in das Tief hinein und aus dem Hoch heraus bewirkt. Bei gekrümmten Isobaren – den horizontal gesehen Linien gleichen Luftdrucks – kommt zu diesen Kräften noch die Zentrifugalkraft hinzu.

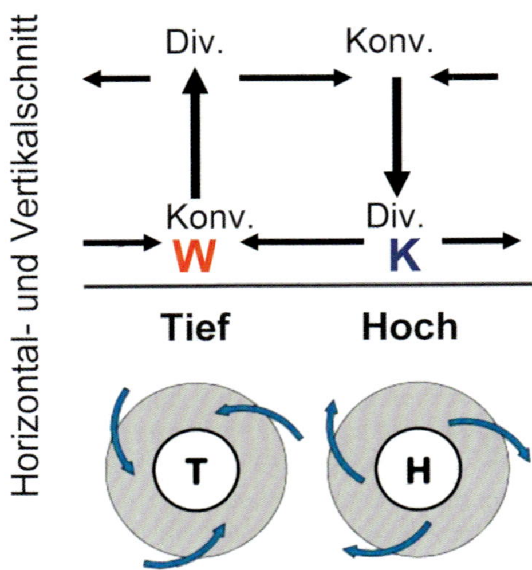

Abb. 5. Zirkulationsschema Tief- und Hochdruckgebiet, thermisch, im Vertikal- (oben) und Horizontalschnitt (unten). W bedeutet Warmluft, K Kaltluft. Die skizzierte Umströmung eines Tiefdruckgebietes (blaue Pfeile) gilt für die Nordhalbkugel und die bodennahe Luftschicht, in der die Reibung wirksam ist. Dadurch entsteht eine Komponente in das Tiefdruckgebiet hinein und aus dem Hochdruckgebiet heraus.

Übrigens kann der Entstehungsmechanismus für ein Tief bzw. Hoch auch rein dynamisch sein, d.h. durch Konvergenz bzw. Divergenz „in der Höhe“ hervorgerufen werden. Diese „Höhe“ ist in diesem Fall die oberste Troposphäre (vgl. Kap. 2), wo es Starkwindfelder, die sog. Jetstreams gibt. Ihr Verhalten ist für die Zirkulation der ganzen Troposphäre und somit auch für den Witterungstyp beispielsweise in Mitteleuropa von großer Bedeutung. Im Gegensatz zu ihren thermischen Verwandten weisen die dynamischen Tiefs und Hochs somit eine viel größere Höhenerstreckung auf. Wenn jedoch Luft relativ weit nach oben gehoben wird, kühlt sie sich ab und bildet Wolken; denn Luft kann umso mehr Wasserdampf enthalten, je wärmer sie ist. Umgekehrt geht bei Abkühlung der Wasserdampf in Wassertropfen und Eispartikel über und Wolken entstehen. Ein dynamisches Tief ist daher sehr wolkenreich, was bei einem i.a. ziemlich flachen thermischen Tief nicht der Fall ist. Diese vielen Wolken reduzieren die Sonneneinstrahlung und machen das dynamische Tief kalt, im Gegensatz zum warmen thermischen Tief. Die großräumigen Absinkvorgänge machen dagegen ein dynamisches Hoch

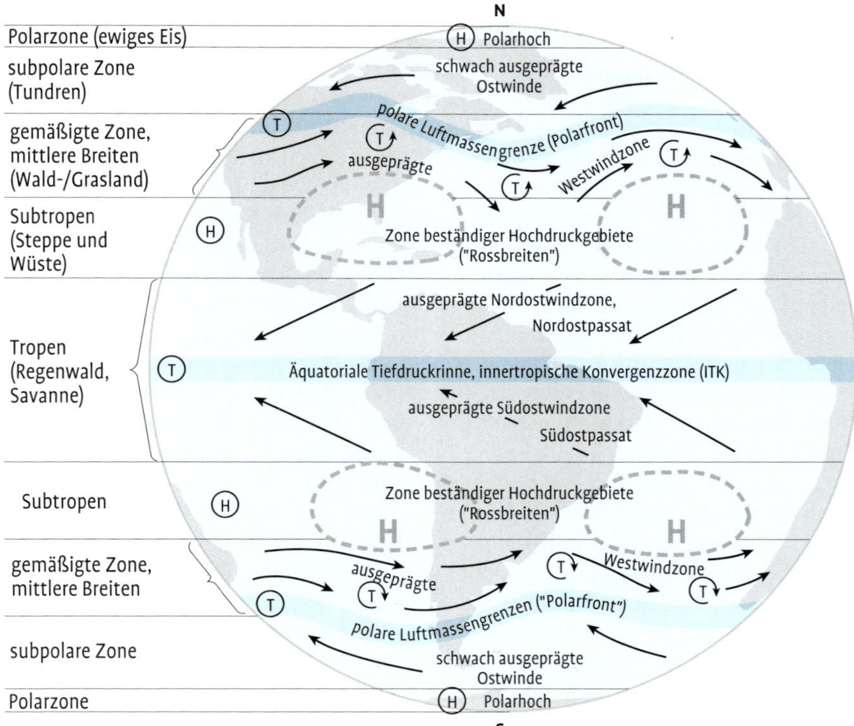

Abb. 6. Schema der globalen („allgemeinen") Zirkulation der Atmosphäre mit Klimazonen; unter Nutzung vieler Quellen nach SCHÖNWIESE[115].

warm, im Gegensatz zum kalten thermischen Hoch. Quantitativ gesehen kann übrigens die Luft mit jedem Grad Erwärmung 4 % mehr Wasserdampf aufnehmen, ein Effekt, der beim Klimawandel eine bedeutende Rolle spielt.

Ein dritter Typ von Tiefs, neben den thermischen und dynamischen, entsteht dort, wo sich relativ kalte Subpolarluft und relativ warme gemäßigte Luft gegenüberstehen, an der sog. Polarfront (i.a. grob um 60 ° N auf der Nordhalbkugel). Dabei kommt es dort zur Wirbelbildung und diese Polarfrontzyklonen genannten Tiefs enthalten daher sowohl relativ warme als auch relativ kalte Luft, wobei die jeweils vorderen und besonders wetterwirksamen Begrenzungen Warm- bzw. Kaltfront heißen. Wir kennen diese Art von Tiefs, die sich mit der Strömung der mittleren Troposphäre bewegen, von den täglichen Wetterberichten mit ihren Wetterkarten und Satellitenbildern.

Global kommt es durch Tiefs und Hochs zur *globalen atmosphärischen Zirkulation*, die auch *allgemeine Zirkulation* genannt wird. Sie ist bei den entsprechenden globalen Klimamodellen (siehe Kap. 7) von zentraler Bedeutung. In Abb. 6 ist sie schematisch dargestellt und lässt sich wie folgt zusammenfassen. In den inneren Tropen, wo es am wärmsten ist, wird die Luft gehoben, wir haben es also mit einer thermischen Tiefdruckzone zu tun, die weit nach oben reicht. Wegen der mit der Hebung verbundenen Abkühlung und Wolkenbildung ist diese Zone niederschlagsreich. Horizontal gesehen strömt auf diese tropische Tiefdruckzone der als Passat bezeichnete Wind zu, der wegen der Erdrotation (und der bereits genannten darauf beruhenden Corioliskraft) auf der Nordhalbkugel nach rechts und auf der Südhalbkugel nach links abgelenkt wird: Nordostpassat bzw. Südostpassat. In den Subtropen, grob um 30° Nord bzw. Süd, sinkt die Luft ab und dort haben wir es daher mit (trockenen) Hochdruckgebieten zu, die sich in den heißen Wüstengebieten widerspiegeln. Sie gehören dem dynamischen Typ an. Das dreidimensionale „Zirkulationsrad“ (vgl. dazu den Analogiefall in Abb. 5) mit Hebung in den Tropen, in gewisser Höhe Luftströmung von den Tropen zu den Subtropen, dort Absinken und bodennah Passat wird Hadley-Zirkulation genannt (nach dem englischen Klimatologen Gordon Hadley, 1685–1744). In den kalten Polargebieten sinkt die (relativ dichte) Kaltluft ab, was (thermischen) Hochdruck bedeutet, und strömt auf der Nordhalbkugel südwestwärts aus (Nordostwind). In den mittleren Breiten ist die Situation weitaus komplizierter; denn dort dominieren die ebenfalls bereits genannten horizontal angeordneten Wirbel, die Polarfrontzyklonen. Sie gestalten das Wetter bei uns in Mitteleuropa und somit auch Deutschland im Wechselspiel mit Hochdruckphasen meist, aber nicht immer, sehr variabel.

Mindestens genauso wichtig ist die ozeanische Zirkulation, die in der Nähe des Meeresspiegels in Form von *Ozeanströmungen* in Erscheinung tritt. Natürlich ist auch diese Zirkulation dreidimensional. Für Europa besonders wichtig ist die aus dem Golf von Mexiko und daher *Golfstrom* genannte Meeresströmung, die sich im südlichen Nordatlantik in den in tropische Gewässer zurückkehrenden äquatorialen Gegenstrom und den nach Europa gerichteten *Nordatlantikstrom* aufspaltet, siehe Abb. 7, die „Warmwasserheizung“ Europas[93,95,115]. Bei der Nordverlagerung kühlt sich dieses Wasser ab und nimmt daher an Dichte zu, ganz analog zur atmosphärischen Luft. Es kommt aber noch die Wirkung des Salzgehalts dazu; denn durch Verdunstung in den relativ warmen Klimazonen nimmt der Salzgehalt zu, was ebenfalls die Dichte erhöht. Man spricht von der *thermohalinen Zirkulation des Ozeans* (THC), da beides die Dichte und damit die Vertikalbewegungen beeinflusst. In Abb. 7 ist auch zu erkennen, wo das Wasser des Nordatlantikstroms aufgrund seiner relativ hohen Dichte absinkt. Danach nimmt es als Tiefenzirkulation den Weg zurück in die Tropen und ist dann mit den anderen Meeresströmungen in Form eines dreidimensionalen globalen Bewegungssystems („Förder-

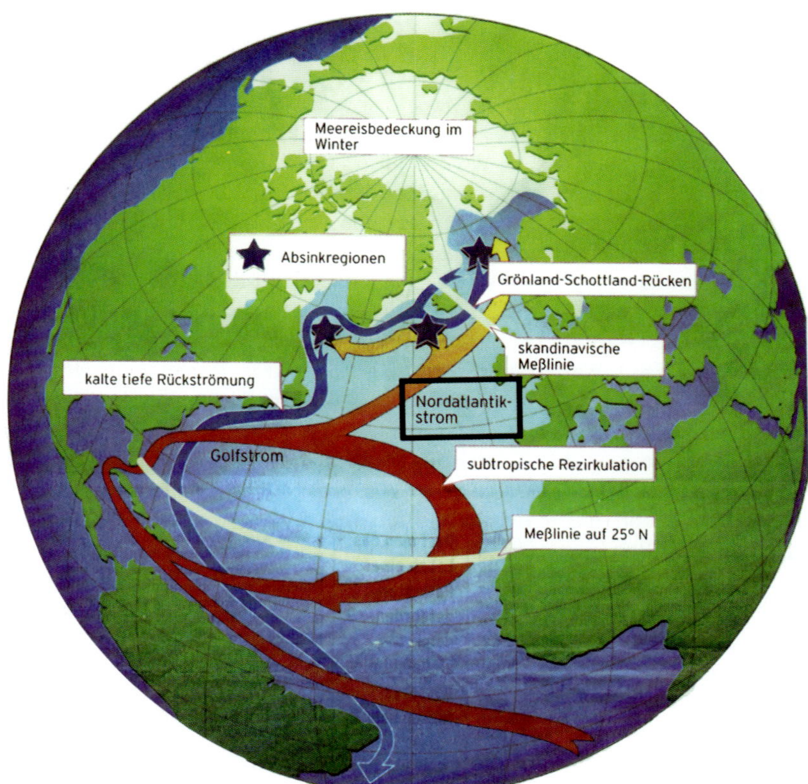

Abb. 7. Schema der ozeanischen Zirkulation des Nordatlantiks in der Nähe des Meeresspiegels (rot bis orange), mit Absinkregionen (schwarze Sterne) und unterer (tiefer) Rückströmung (blau). Weiß sind zwei Linien eingezeichnet, an der die Strömungsgeschwindigkeit gemessen worden ist; nach QUADFASEL[93], leicht verändert.

bands") verbunden. Zwar ändern sich Meeresströmungen weitaus langsamer als Luftströmungen, aber eine – wenn auch langzeitliche – Änderung des Nordatlantikstroms hätte für das Klima in Europa fatale Folgen (näheres in Kap. 13).

Die zweite Meeresströmung, die hier erwähnt werden soll, ist der *Humboldtstrom* (auch *Perustrom* genannt), der aus antarktischen Gewässern stammend relativ kaltes Wasser an der Westküste von Südamerika (Peru und Ecuador) entlang führt. Dort spielt sich eine klimatisch sehr wichtige atmosphärisch-ozeanische Wechselwirkung ab, die als *El-Niño- (EN)* bzw. *La-Niña (LN)-Phänomen* bezeichnet wird[1,67,115,143]. Dazu sei hier nur gesagt, dass durch ziemlich komplizierte atmosphärisch-ozeanische Wechselwirkungen das Ozeanwasser vor den Küsten von Peru und Ecuador, im Einflussbereich des kalten Humboldtstroms, im Abstand von einigen Jahren für einige Monate um ca. 1–3 °C wärmer (EN) oder aber noch etwas kälter wird als sonst (LN). Man spricht daher auch von Warm- bzw. Kaltwasserereignissen. EN setzt bevorzugt um die Weihnachtszeit ein und da El Niño in der peruanischen bzw. spanischen Sprache Kind oder auch Christkind heißt, erklärt sich der Name. Da es sich um eine atmosphärisch-ozeanische Wechselwirkung handelt, zeigt sie sich auch in bestimmten Luftdruckschwankungen. Dabei ist während eines El-Niño-Ereignisses die Luftdruckdifferenz zwischen Tahiti und Darwin relativ klein, bei La Nina relativ hoch. Diese Luftdruckschaukel wird Südliche Oszillation[143] (Southern Oscillation, SO) genannt, der Gesamtmechanismus ENSO. Weiterhin führen die Luftdruckreaktionen zu ausgeprägten Niederschlagsanomalien. So wird es dort, wo es normalerweise viel regnet, z.B. in Indonesien, sehr trocken und in sonst trockenen Regionen, z.B. im Bereich des tropischen Pazifiks vor der südamerikanischen Küste, sehr niederschlagsreich. El-Niño-Ereignisse treten ungefähr alle 3–7 Jahre auf und spiegeln sich, da sie sehr großräumig sind, u.a. in der Weltmitteltemperatur wider, wie wir noch sehen werden. Gelegentlich kommt es zu sehr starken, sog. Super-El-Niños (SEN). Die letzten ausgeprägten El-Niño-Ereignisse waren 1965, 1969, 1972/73, 1976/77, 1979, 1982/83 (SEN), 1987/88, 1991/92, 1997/98 (SEN), 2002/03, 2009/10 und 2015/16 (SEN).

Es gibt außer ENSO in anderen Regionen der Erde noch ähnliche Effekte und insbesondere außer SO noch weitere Luftdruckoszillationen. Erwähnt sei hier nur noch die *Nordatlantikoszillation* (NAO)[67,52,115,138]. Sie besteht darin, dass ein starkes Hochdruckgebiet im Bereich der Azoren (sog. Azoren-Hoch) und ein ebenfalls sehr ausgeprägtes Tiefdruckgebiet im Bereich von Island (Island-Tief, beide dynamisch) eine große Luftdruckdifferenz zwischen diesen beiden „Druckgebilden" zur Folge hat. Je höher aber die horizontalen Luftdruckgegensätze sind, umso stärker ist zwischen ihnen die Luftströmung, also der Wind. Die in diesem Fall hohe NAO-Phase führt zu starker Westwindströmung im Bereich des östlichen Nordatlantiks und damit auch Europas, dort vor allem in der Mitte und im Norden. Geschieht das im Winter, werden relativ warme maritime Luftmassen nach Mittel- und Nordeuropa geführt und hält diese Strömung zudem relativ lange an, kommt es dort zu einem relativ milden und feuchten Winter. Umgekehrt kann sich bei niedriger NAO-Phase, also relativ geringer Luftdruckdifferenz zwischen dem Azoren-Hoch und Island-Tief, keine intensive Westströmung einstellen. Die mögliche Folge ist, dass sich dann das im Winter typische kontinentale (thermische) Kälte-Hoch über Asien und Osteuropa nach Europa ausdehnt und mit einer Ostströmung mehr oder weniger sibirische Kaltluft nach Europa führt. Dann haben wir es mit einem sehr kalten Winter zu tun. Im Sommer hat die NAO nur einen geringen Einfluss auf Europa und auch im Winter wechseln normalerweise relativ warme mit relativ kalten Episoden miteinander ab.

Damit sind die wichtigsten internen Wechselwirkungen des Klimasystems genannt. Fehlen noch die *externen Einflüsse* auf das Klimasystem. Sie lassen sich im Gegensatz zu den internen Wechselwirkungen durch *Strahlungsantriebe* erfassen und quantifizieren. Diese sind als die veränderte Strahlungsbilanz in der Troposphäre, genauer an deren Obergrenze (Tropopause), definiert, die sich aufgrund irgendeines externen Einflusses auf das Klimasystem ergibt[53,54,115]. Ist diese Bilanz und somit der Strahlungsantrieb positiv, erwärmt sich die Troposphäre; ist sie negativ, kommt es zur Abkühlung. Die genaue quantitative Kennzeichnung der diversen Strahlungsantriebe wird im Zusammenhang mit dem Klimawandel (Kap. 8–10) erfolgen. Hier geht es zunächst nur um die grundlegende physikalische Charakterisierung der Strahlungsprozesse allgemein. Vorab sei gesagt (wie auch schon in Kap. 5), dass die externen Einflüsse auf das Klimasystem eine bestimmte Ursache und eine bestimmte Wirkung haben, ohne dass die Wirkung in irgendeiner Weise mit der Ursache verknüpft ist, also mit ihnen rückwirkt. Es handelt sich somit zunächst nicht um Wechselwirkungen. Allerdings können externe Einflüsse auf das Klimasystem durch interne Wechselwirkungen modifiziert werden, was tatsächlich auch oft der Fall ist. Die wichtigsten externen Einflüsse auf das Klimasystem sind die Sonneneinstrahlung, der Vulkanismus und menschliche Aktivitäten (vgl. Abb. 4 in Kap. 4, unten und Kap. 11). Die Sonneneinstrahlung, beispielsweise, ist deswegen keine Wechselwirkung, weil die dadurch bewirkte Erwärmung der Erdoberfläche nicht auf die Sonne zurückwirkt. Eine Modifikation dieses externen Einflusses auf das Klimasystem kann so vor sich gehen, dass die Sonneneinstrahlung nicht nur direkt die Temperatur, sondern auch Tief- und Hochdruckgebiete und damit die atmosphärische Zirkulation (interne Wechselwirkung) beeinflusst. Dies hat Folgen für die Bewölkung und deren Veränderung wirkt auf die Temperatur zurück.

Strahlung transportiert Energie, und zwar auch durch den luftleeren Raum. Strahlung benötigt somit keine Materie als Trägermedium, sie tritt aber erst durch Wechselwirkungen mit Materie konkret in Erscheinung. Nach einem grundlegenden physikalischen Gesetz (auf Formeln soll weiterhin verzichtet werden) geht von jeder Materie einer bestimmten Temperatur Strahlung aus, ganz gleich ob es sich mikrophysikalisch um winzige Moleküle oder makrophysikalisch um die Sonne oder noch größere Himmelskörper handelt. Trifft diese Strahlung auf andere Materie, gibt es zwei Möglichkeiten: Entweder sie wird ganz bzw. teilweise von dieser anderen Materie absorbiert (aufgenommen), was zur Erwärmung dieser anderen Materie führt; oder die Strahlung wird gestreut und trifft dann an anderer Stelle wieder auf Materie. Dabei gibt es wiederum die zwei Möglichkeiten, Absorption oder Streuung, die möglicherweise immer wieder an weiterer Materie stattfindet (Vielfachstreuung).

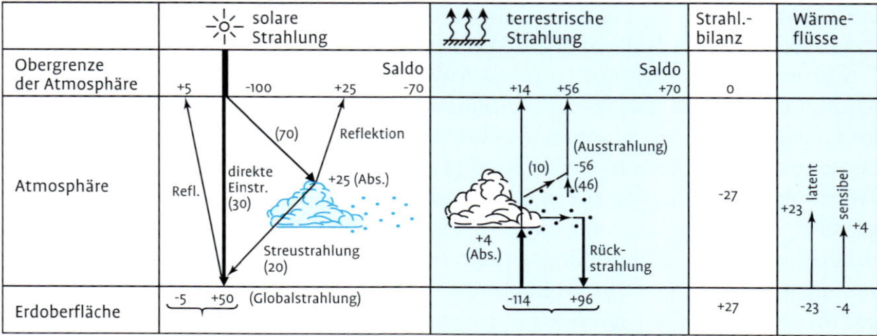

Abb. 8. Solare und terrestrische Strahlungsflüsse in der Atmosphäre und ihre Veränderung durch Absorption und Streuung in Prozentwerten, wobei die solare Einstrahlung am fiktiven oberen Rand der Atmosphäre gleich 100 % gesetzt ist. Die Differenz zwischen effektiver Einstrahlung und effektiver Ausstrahlung (rot. bzw. blau angegebene Zahlenwerte ganz unten), die Strahlungsbilanz, wird durch die Wärmeflüsse ausgeglichen. In Orientierung an HOUGHTON[47] und anderen, hier nach SCHÖNWIESE[115].

Für das Klima unserer Erde ist die Sonne die wichtigste Strahlungsquelle. Physikalisch genauer betrachtet kommt der Strahlung[11,41,42,44,71,101] eine bestimmte Energieflussdichte zu, die als Energie pro Zeit- und Flächeneinheit, auf die sie trifft, definiert ist. Da W (Watt, vgl. unsere Glühbirnen) Energie pro Zeiteinheit ist, kann man die Energieflussdichte und somit auch den Strahlungsantrieb in W/m^2 (Watt pro Quadratmeter) quantitativ angeben. Am fiktiven oberen Rand der Erdatmosphäre beträgt die Energieflussdichte durch Sonneneinstrahlung (auch *Solarkonstante* genannt, obwohl sie nicht ganz konstant ist)[28,115] rund 1.370 W/m^2. In der Atmosphäre wird diese Energie an den Gasen und Partikeln teils absorbiert, teils gestreut, siehe Abb. 8, und erreicht am Ende die Erdoberfläche[47]. Abzüglich der Reflektion an der Erdoberfläche stehen dort also 45 % der ursprünglichen Sonneneinstrahlung (gleich 100 % gesetzt) zur Verfügung. Dieser Anteil dient der Erwärmung der Erdoberfläche. Nun sendet aber auch die Erdoberfläche Wärmestrahlung aus, wegen ihrer gegenüber der Sonne wesentlich tieferen Temperatur aber wesentlich weniger. Berücksichtigt man aber, dass die Sonne sehr weit von der Erde entfernt ist (rund 150 Mill. km) und somit nur sehr wenig der ursprünglich von der Sonne ausgehenden Strahlung die Erde erreicht, kommt man mit Hilfe von Strahlungsbilanz-Berechnungen (vgl. unten) auf einen Wert von 114 %, mit dem die Erdoberfläche ausstrahlt, siehe weiterhin Abb.8. Wieder kommt es zu Absorptions- und Streuvorgängen in der Atmosphäre, so dass nur ein Teil der *terrestrischen Ausstrahlung* die Erdatmosphäre verlässt. Da aber auch die Partikel und Gase der Atmosphäre ausstrahlen und wiederum Absorption und Streuung auftreten, verlässt in der Gesamtbilanz 70 % der Strahlung die Erdatmosphäre und gleicht die Bilanz von 70 % eingestrahlter Sonnenenergie aus. Somit ist die Bilanz aus solarer Einstrahlung und terrestrischer Ausstrahlung gegenüber dem interplanetarischen Raum ausgeglichen, was aus prinzipiellen physikalischen Gründen auch so sein muss. Bei der Erdoberfläche bleibt es aber nicht bei den ausgestrahlten 114 %, sondern aufgrund der hohen Rückstrahlung – die im folgenden noch näher erklärt werden muss – beträgt die effektive Ausstrahlung der Erdoberfläche nur 18 %. Und dort ist die Bilanz zwischen solarer Einstrahlung und terrestrischer Ausstrahlung, also die Strahlungsbilanz im Gegensatz zur Energiebilanz nicht ausgeglichen (Erklärung siehe unten).

Um nun auf die Strahlung und insbesondere die Sonneneinstrahlung als primären und somit besonders wichtigen externen Einfluss auf das Klimasystem zurückzukommen, so sind, (Kap. 5), für den Klimawandel weniger die offensichtlichen Unterschiede zwischen Tag und Nacht sowie Sommer und Winter (Tages- und Jahresgang der Sonneneinstrahlung) wichtig. Vielmehr sind dabei die Sonnenaktivität und die Änderungen der Erdumlaufbahn um die Sonne von besonderer Wichtigkeit. Zunächst zur *Sonnenaktivität*. In Zeiten verstärkter Sonnenaktivität („unruhige Sonne“) zeigen sich auf der sichtbaren Sonnenoberfläche (Photosphäre, mit einer Temperatur von rund 6.000 °C) relativ viele Dunkelgebiete, sog. Sonnenflecken[11,115,121,136], die dortige relative Kältegebiete anzeigen. Diese werden jedoch durch sog. Sonnenfackeln, Protuberanzen (Materie- und Energieausbrüche) u.ä. überkompensiert, was die etwas stärkere Ausstrahlung der aktiven Sonne erklärt. Dies kann von Satelliten aus genau gemessen werden. Entsprechend zeigen wenige oder sogar fast gar keine Sonnenflecken wenig Sonnenaktivität („ruhige Sonne“) an. Diese Sonnenflecken treten in mehreren Zyklen auf, und zwar ungefähr 11-, 22-, 40–50-, 75–90-, 180–200-jährig und in noch längeren, weniger gut bekannten Zyklen[115]. Außerdem gibt es Zeiten, in denen die Sonnenfleckentätigkeit ganz oder fast ganz ruht, die sog. solaren Minima[115,136]. Besonders bekannt ist das Maunder-Minimum 1645–1715 (benannt nach dem englischen Astronomen Edward Walter Maunder, 1851–1928).

Nun zur Erdumlaufbahn um die Sonne und den sog. *Orbitalparametern*[5,12,53,54,89,115], siehe Abb. 9. Es handelt sich dabei erstens um die Änderung der Exzentrizität, d.h. die Erdumlaufbahn um die Sonne schwankt zwischen einer mehr kreisförmigen und einer mehr elliptischen Bahn, und zwar mit Zyklen von 95.000 und 400.000 Jahren. Damit ändern sich der Abstand der Erde von der Sonne und somit auch die Intensität der Sonneneinstrahlung. Derzeit befindet sich die Erdumlaufbahn auf dem Weg von einer mehr elliptischen zu einer mehr kreisförmigen Umlaufbahn. Genaue quantitative Betrachtungen, auch was die Sonnenaktivität und weitere externe Einflüsse auf das Klimasystem betrifft, folgen im Rahmen der Betrachtung und Erklärung des Klimawandels in den verschiedenen

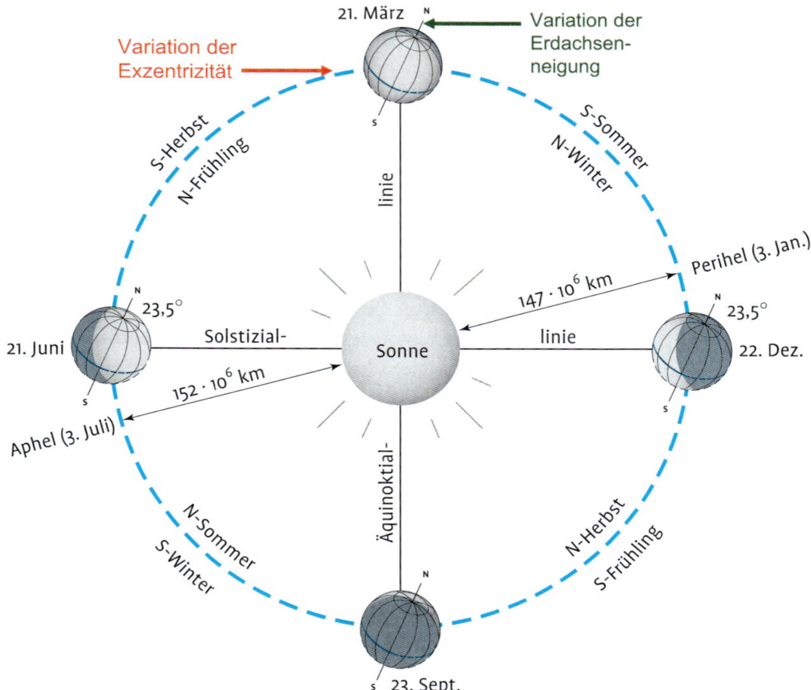

Abb. 9. Erdumlaufbahn um die Sonne mit Erklärung der Jahreszeiten und Angabe der Exzentrizität (Differenz zwischen Perihel, sonnennächste Position, und Aphel, sonnenfernste Position der Umlaufbahn). Diese Exzentrizität ist sehr langfristig variabel, ebenso die Erdachsenneigung (Orbitalparameter); viele Quellen, hier nach SCHÖNWIESE[115], ergänzt.

zeitlichen Größenordnungen (Kap. 8–10) und vergleichend auch noch an späterer Stelle (Kap. 11). Der zweite Orbitalparameter ist die Neigung der Erdachse gegenüber der Ebene der Umlaufbahn (Ekliptik). Je größer diese Neigung ist, umso ausgeprägter sind die Jahreszeiten. Derzeit beträgt sie 23°27' und nimmt ab. Die gesamte Zykluslänge beträgt 41.000 Jahre. Der dritte Orbitalparameter ist etwas schwerer zu verstehen, allerdings auch nicht sehr bedeutend. Die Erdachse vollführt nämlich eine Art Kreiselbewegung (Nutation der Erdachse), wodurch sich ihre Richtung im Raum ändert, und zwar mit Zyklen von 19.000 und 23.000 Jahren. Damit ändert sich das Eintrittsdatum der sonnennächsten (Perihel) bzw. sonnenfernsten (Aphel) Position der Erdumlaufbahn (derzeit 3. Januar bzw. 3. Juli).

Die klimatische Wirkung des *Vulkanismus*[64,106,122,115] beruht ebenfalls auf Strahlungsvorgängen. Dabei ist zwischen effusiven und explosiven Eruptionen zu unterscheiden. Erstere produzieren hauptsächlich Lavaströme (z.B. Hawaii), die zwar schlimme Verwüstungen anrichten können, klimatisch aber weniger bedeutsam sind. Bei den explosiven Eruptionen (z.B. Pinatubo, vgl. Tab. 5) werden Gase und Partikel weit nach oben geschleudert, wobei die klimatische Wirksamkeit umso größer ist, je mehr Material die Stratosphäre erreicht (in extremen Fällen auch die Mesosphäre; vgl. Kap. 2). Während primäre Partikel recht rasch ausfallen (sedimentieren), können sich aus den eruptiven Gasen sekundäre Partikel bilden (durch Gas-Partikel-Umwandlungen), wobei die aus schwefelhaltigen Gasen entstehenden Sulfatpartikel (Sulfataerosole) besonders klimawirksam sind. Sie bilden in der Stratosphäre Partikelschichten, die die Sonneneinstrahlung verstärkt streuen, so dass weniger Strahlung die Erdoberfläche erreicht und somit dort für Abkühlung sorgt (negativer Strahlungsantrieb). Außerdem absorbieren solche Aerosole verstärkt die terrestrische Ausstrahlung, was zur zusätzlichen Erwärmung dieser Schichten führt. Die kombinierte Wirkung – bodennahe Abkühlung und stratosphärische Erwärmung – ist ein deutliches Indiz für den klimatischen Effekt von Vulkanausbrüchen (siehe Abb. 24 in Kap. 11, wo darauf zurückzukommen ist). Da Vulkane auch Kohlendioxid (CO_2) ausstoßen, kann es, wenn es sehr lange Serien von Vulkanausbrüchen gibt (Jahrtausende bis Jahrmillionen) und das CO_2 vom Ozean bzw. der Vegetation nur wenig oder in extremen Fällen gar nicht aufgenommen wird (z.B. zur Zeit der fast total vereisten Erde vor ca. 700 Jahrmillionen; näheres in Kap. 8), wegen der daraus resultierenden CO_2-Anreicherung der Atmosphäre zu bodennaher Erwärmung kommen.

Damit sind wir bei dem Teil der Klimaphysik angelangt, die sich um die mit den *klimawirksamen Spurengasen* verbundenen Strahlungsprozesse und daraus resultierenden Klimaeffekte dreht. Diese Prozesse werden uns im Zusammenhang mit dem anthropogenen (Menschen-gemachten) Klimawandel noch intensiv beschäftigen müssen. Dafür ist zunächst wichtig zu wissen, dass die *Strahlung in unterschiedlichen Wellenlängen* auftritt, wie u.a. der deutsche Physiker MAX PLANCK (1858–1947) in seinem berühmten Strahlungsgesetz formuliert hat[11,42,44,54,67,68,115]. Man spricht vom elektromagnetischen Spektrum der Strahlung, wobei diese Strahlung je nach Wellenlänge unterschiedliche Erscheinungsformen hat; siehe Abb. 10. Bezogen auf die Sonne beginnt das Wellenlängenspektrum bei ungefähr 0,1 µm (millionstel Meter) und hat dort die Erscheinungsform des ultravioletten Lichts (UV). In Kap. 2 ist bereits erwähnt worden, dass das stratosphärische Ozon (O_3) einen Großteil der UV-Strahlung absorbiert und somit von der bodennahen Atmosphäre fernhält (Ozonschicht). Es folgt bei 0,4–0,8 µm das sichtbare Licht und danach die Wärmestrahlung. Bei ungefähr 10 µm Wellenlänge endet das Spektrum der solaren Einstrahlung. Damit etwas überlappend beginnt das Spektrum der terrestrischen Ausstrahlung bei ungefähr 4 µm und endet bei ungefähr 50 µm. Die Integrale, in Abb. 10 die Flächen unter den beiden oberen Kurven, entsprechen den in Abb. 8 angegebenen prozentualen Werten der Strahlungskomponenten.

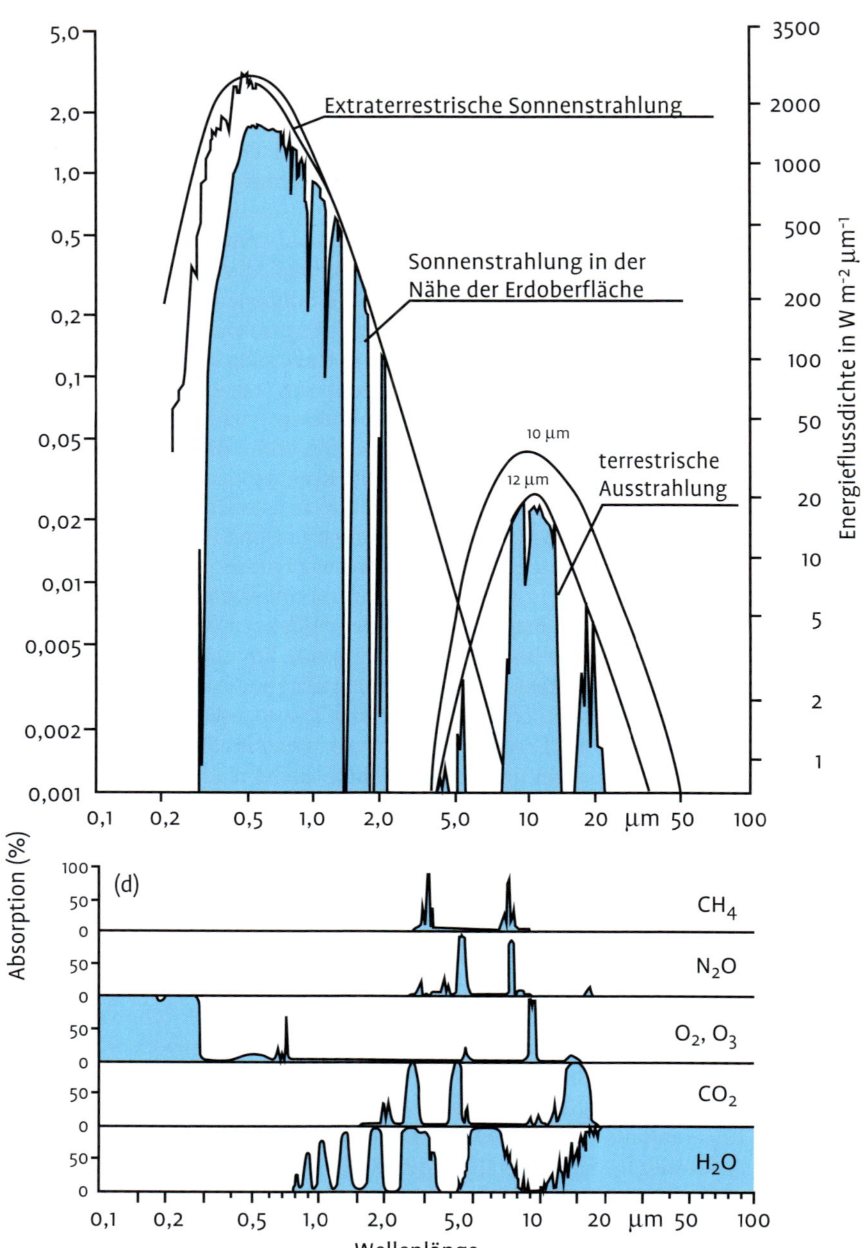

5,0
2,0
1,0
0,5
0,2
0,1
0,05
0,02
0,01
0,005
0,002
0,001
3500
2000
1000
500
200
100
50
20
10
5
2
1
Extraterrestrische Sonnenstrahlung
Sonnenstrahlung in der Nähe der Erdoberfläche
10 µm
12 µm
terrestrische Ausstrahlung
Energieflussdichte in W m-2 µm-1
0,1 0,2 0,5 1,0 2,0 5,0 10 20 µm 50 100
Absorption (%)
(d)
100
50
0
CH4
N2O
O2, O3
CO2
H2O
0,1 0,2 0,5 1,0 2,0 5,0 10 20 µm 50 100
Wellenlänge

Für das Klima und den Klimawandel sind nun die Gasgesetze von größter Bedeutung, in diesem Fall die Eigenschaft bestimmter Spurengase, Strahlung nur in ganz bestimmten Wellenlängenbereichen zu absorbieren, den Absorptionsbanden. Sie sind in Abb. 10 für Methan (CH_4), Distickstoffoxid (N_2O), Ozon (O_3), Kohlendioxid (CO_2) und Wasserdampf (H_2O) ersichtlich. Während man früher (d.h. noch vor einigen Jahrzehnten) diese Absorptionsbanden noch recht grob (Abb. 10) angegeben hat, weiß man heute, dass sie aus tausenden einzelner Absorptionslinien bestehen[67], deren Berücksichtigung in klimatologisch-physikalischen Berechnungen einen sehr großen Aufwand erfordert. Wichtig ist weiterhin, dass diese Gase, mit Ausnahme von O_3 und H_2O, nur im relativ langwelligen Bereich der terrestrischen Ausstrahlung absorbieren. Wie immer bei Strahlungsabsorption erwärmen sie sich dabei und strahlen auf einem entsprechend höheren Energieniveau verstärkt in alle Richtungen wieder aus, teilweise auch zurück zur Erdoberfläche (atmosphärische Rück- oder Gegenstrahlung). Beim Ozon kommt die zuvor genannte Wirkung im solaren UV-Bereich dazu und beim H_2O (Wasserdampf) ist es so, dass die zahlreichen Absorptionsbanden im Bereich der terrestrischen Ausstrahlung wirksamer sind als die im Bereich der solaren Einstrahlung, d.h. die Erwärmung durch die terrestrische Ausstrahlung also deutlich überwiegt. Da der Wellenlängenbereich, in welchem die Erde ausstrahlt, komplett im Bereich der Wärmestrahlung (in diesem Zusammenhang auch als Infrarot (IR) bezeichnet) liegt, spricht man bei den genannten Gasen auch von IR-Absorbern. Aus diesen physikalischen Tatsachen folgt zwingend, dass sich die bodennahe Atmosphäre und somit auch die Erdoberfläche bei atmosphärischen Konzentrationserhöhungen dieser Gase erwärmt, die Stratosphäre gleichzeitig abkühlen muss (was sowohl Messungen als auch Klimamodellrechnungen bestätigen, siehe Kap. 11, Abb. 23 und 24). Und noch einmal sei betont, dass die klimawirksamen Spurengase durch Stoßreaktionen ihre Temperatur auch an die anderen Gase weitergeben, die nicht an diesen Absorptionsvorgängen beteiligt sind. Durch die Absorption terrestrischer Strahlung erwärmen sich somit nicht nur die (absorbierenden) klimawirksamen Spurengase, sondern die gesamte Luft. Die Temperatur, die als molekularkinetische Energie der Atome und Moleküle definiert ist (vgl. Kap. 2), erhöht sich daher insgesamt.

Abb. 10. Einstrahlung der Sonne und Ausstrahlung der Erde, aufgeschlüsselt nach den Wellenlängen (sog. Planck'sche Strahlungskurven). Die Absorption dieser Strahlung durch die klimawirksamen Spurengase, wovon hier nur einige wenige berücksichtigt sind, verändert diese Strahlung so, dass in der Atmosphäre sowohl die solare Einstrahlung als auch die terrestrische Ausstrahlung verringert werden. Da dabei die Verringerung der terrestrischen Ausstrahlung wirksamer ist, kommt der sog. Treibhauseffekt zustande; viele Quellen, insbesondere PEIXOTO und OORT[91], hier nach SCHÖNWIESE[115].

Aus den gegenwärtigen Bedingungen lässt sich anhand der Strahlungsgesetze relativ leicht ausrechnen, wie sich die gegenwärtige weltweit gemittelte bodennahe Lufttemperatur von rund 15 °C ändert, wenn man alle klimawirksamen Spurengase aus der Atmosphäre entfernen würde[101,115]: auf –18 °C. Die Temperaturdifferenz von 33 °C wird als *natürlicher Treibhauseffekt* bezeichnet (positiver Strahlungsantrieb), die im langwelligen Bereich der terrestrischen Ausstrahlung absorbierenden Gase (IR-Absorber) nennt man daher „Treibhausgase“. Es gibt sehr viel mehr Treibhausgase als die in Abb. 10 erfassten; aber auch im Folgenden wollen wir uns auf die wichtigsten beschränken. Von diesem natürlichen Treibhauseffekt ist der später zu besprechende *zusätzliche anthropogene Treibhauseffekt* zu unterscheiden (siehe Kap. 7 und 11). Dass die exakte Berechnung des natürlichen Treibhauseffekts eigentlich etwas problematisch ist, wird häufig übergangen, soll hier aber zumindest erwähnt werden. Die oben genannte Berechnung geht davon aus, dass die in Abb. 8 dargestellte Reflektion der solaren Einstrahlung durch das System Erdoberfläche-Atmosphäre von 30 %, die sog. solare Albedo, konstant bleibt. Entfernt man jedoch mit den Treibhausgasen fiktiv die gesamte Atmosphäre, so reflektiert die Erdoberfläche allein und die solare Albedo sinkt auf ca. 15 % ab[101]. Dadurch halbiert sich ungefähr der Temperatureffekt des natürlichen Treibhauseffekts. Berücksichtigt man dann aber außerdem, dass in diesem Fall vermutlich der gesamte Ozean gefroren wäre, erhöht dies die Albedo wieder. Doch solche Gedankenspiele bergen die Gefahr der Spekulation in sich, so dass sie im Weiteren hier nicht weiterverfolgt werden. Dies lässt sich auch dadurch rechtfertigen, dass der später einzuführende zusätzliche anthropogene Treibhauseffekt davon unberührt bleibt.

Dagegen muss nun endlich erklärt werden, wie die in Abb. 8 ersichtliche unausgeglichene Bilanz zwischen solarer Ein- und terrestrischer Ausstrahlung von 27 % ausgeglichen wird. Wäre das nicht der Fall, müsste sich die Temperatur der Erdoberfläche ständig erhöhen und die der Atmosphäre ständig erniedrigen. Dieser Ausgleich geschieht durch *Wärmeflüsse* – und damit verlassen wir die Strahlungsprozesse, aber (noch) nicht die Klimaphysik. Am wichtigsten ist der Fluss latenter Wärme. Darunter versteht man die Verdunstung von Wasser und das Schmelzen von Eis an der Erdoberfläche, wozu Energie benötigt und naheliegenderweise der Erdoberfläche entzogen wird; dies bedeutet Abkühlung. Durch Kondensation von Wasserdampf zu Wassertropfen und Kristallisation von Wassertropfen zu Eispartikeln, sichtbar anhand der Wolkenbildung, wird diese latente Energie in der Atmosphäre wieder freigesetzt und ihr somit Wärme zugeführt (23 %). Da diese Energie im Aggregatzustand von H_2O (Wasserdampf bzw. Wasser bzw. Eis) sozusagen versteckt ist und nur bei der Änderung des Aggregatzustands wieder „frei“ wird, spricht man von latenter (d.h. versteckter) Energie. Der zweite wichtige Wärmefluss, der im Gegensatz zum latenten nur 4 % ausmacht (vgl. Abb. 8), ist die Wärmeleitung (sensibler Wärmefluss). Sie wirkt immer dann, wenn Materie unterschiedlicher Temperatur in Kontakt steht. Es gibt noch weitere Wärmeflüsse, insbesondere den aus dem Erdboden zur Erdoberfläche gerichteten sog. Bodenwärmefluss (da die Temperatur, abgesehen von tages- und jahreszeitlichen Störungen, mit der Tiefe zunimmt). Die hier einzuordnende Wärmekapazität ist bereits in Kap. 5 besprochen worden und auch die Tatsache, dass warme Luft weniger dicht und somit leichter ist als Kaltluft.

Im Zusammenhang mit diesen thermischen Fakten muss noch die (vertikale) *Schichtungsstabilität* bzw. *-labilität* erwähnt werden. Dabei wird die Temperaturabnahme mit der Höhe, wie sie zu irgendeiner Zeit und irgendeinem Ort aktuell vorliegt und geometrisch genannt wird, mit der Temperaturabnahme verglichen, wie sie eine Luftmasse bei Hebung und Abkühlung (individuell) erfährt. Ist diese letztere Temperaturabnahme größer als die geometrische, so ist die gehobene Luftmasse in gewisser Höhe kälter als die Umgebung, somit schwerer, und sinkt wieder ab. Dies ist der stabile Fall. Ist sie jedoch geringer als die geometrische, ist die gehobene Luftmasse also wärmer als die Umgebung, wird die Hebung fortgesetzt oder zumindest begünstigt. Dies ist der labile Fall. Und wie bereits früher ausgeführt, kommt es bei großräumiger Hebung zur Wolkenbildung. Im Extremfall kann aufgrund solch labiler Schichtungsverhältnisse die Hebung bis zur Tropopause (Obergrenze der Troposphäre, vgl. Kap. 2) fortgesetzt werden. Die dann entstehenden mächtig nach oben wachsenden Wolken bedeuten den Übergang von der Cumulus-Wolke (auch Schönwetterwolke genannt, „blumenkohlartig“) zur Cumulonimbus-Wolke, die stets Schauer, häufig auch Gewitter, unter Umständen mit Hagel und im Extremfall sogar Tornados produziert, also ggf. extreme Unwetter. Typisch für stabile Verhältnisse sind dagegen, falls sich dann überhaupt Wolken bilden, Stratus-Wolken, also Schichtwolken verschiedener Höhenerstreckung. Die ganz oben in der Troposphäre zu findenden Eiswolken (Cirrus) sind mit keinen besonderen Wettererscheinungen verbunden, sondern erzeugen nur optische Phänomene (insbesondere Cirrostratus), die hier aber ausgeklammert bleiben. Auch die sehr umfangreichen Details der Wolken- und Niederschlagsphysik können hier nicht behandelt werden, wie auch weitere wichtige physikalische Aspekte der Dynamik.

Dagegen führt zur Erklärung der Prozesse, die den Klimawandel bewirken, kein Weg an den im Klimasystem stets ablaufenden und so wichtigen *Rückkopplungen* (Feedbacks) vorbei. Es handelt sich dabei um Vorgänge, die sich entweder selbst verstärken (positive Rückkopplung) oder selbst abschwächen (negative Rückkopplung). Im Folgenden werden die wichtigsten der zahlreichen positiven Rückkopplungen genannt.

- *Eis-Albedo-Rückkopplung:* Wird es aus irgendwelchen Gründen wärmer, so verringert sich in relativ hohen geographischen Breiten der Schneeanteil am Niederschlag bzw. die Meereisausdehnung und verringert die Albedo (den Anteil der reflektierten Sonneneinstrahlung) an der Erdoberfläche, dadurch steht mehr Sonnenenergie zur Erwärmung der Erdoberfläche zur Verfügung, was die Erwärmung verstärkt, und den Schneeanteil am Niederschlag weiter reduziert usw.;

- *Wasserdampf-Rückkopplung:* Wird es aus irgendwelchen Gründen wärmer, so steigt die Verdunstung (die besonders über dem Ozean sehr effektiv ist) an, dadurch nimmt der Wasserdampfgehalt der Atmosphäre (Luftfeuchte) zu, dadurch verstärkt sich der Treibhauseffekt, dadurch wird die Erwärmung weiter verstärkt usw.,
- *Ozean-Spurengas-Rückkopplung:* Wird es aus irgendwelchen Gründen wärmer, so gast der Ozean mehr klimarelevante Spurengase aus (Löslichkeit von CO_2, CH_4 usw. sinkt), dadurch verstärkt sich der Treibhauseffekt, dadurch wird die Erwärmung weiter verstärkt usw.;
- *Permafrost-Rückkopplung:* Wird es aus irgendwelchen Gründen wärmer, taut mehr Dauerfrostboden auf (der Permafrost verringert sich), dadurch werden klimarelevante Spurengase freigesetzt (vor allem CH_4, aber auch CO_2 und andere), dadurch verstärkt sich der Treibhauseffekt, dadurch wird die Erwärmung verstärkt usw.

Alle hier exemplarisch genannten positiven Rückkopplungen funktionieren auch, wenn es aus irgendwelchen Gründen zur Abkühlung kommt; d.h. dann erhöht sich die Albedo, verringert sich die Luftfeuchte, der Ozean bindet mehr klimarelevante Spurengase und der Permafrost breitet sich aus. Dann wird also die Abkühlung verstärkt.

Negative Rückkopplungen sind etwas schwerer zu erklären, insbesondere auch deswegen, weil sie unter Umständen ebenfalls zu positiven Rückkopplungen werden. Das wichtigste Beispiel dafür ist die

- *Bewölkungsrückkopplung:* Wird es aus irgendwelchen Gründen wärmer, so steigt der Wasserdampfgehalt der Atmosphäre, dadurch können sich mehr Wolken bilden, die tagsüber die Sonneneinstrahlung verringern und dadurch wird die Erwärmung abgeschwächt (negative Rückkopplung). Das gilt aber nur für Wasserwolken; Eiswolken (Cirren) verstärken den Treibhauseffekt (positive Rückkopplung). Auch kann es sein, dass bei bodennaher Erwärmung die Wolken dazu neigen, sich vorwiegend vertikal zu entwickeln statt sich horizontal auszubreiten (wiederum positive Rückkopplung). Welcher Effekt überwiegt, muss durch Klimamodell-Simulationen (Kap. 7) geklärt werden. Ähnlich ist es bei der
- *Vegetationsrückkopplung:* Wird es aus irgendwelchen Gründen wärmer, so kann sich die Vegetation potentiell ausbreiten (aber nur, falls ausreichend Niederschlag und Nährstoffe zur Verfügung stehen und der Mensch nicht negativ, z.B. durch Rodung, eingreift), dadurch findet insgesamt mehr Photosynthese statt (die mit Hilfe von CO_2 und Wasser Biomasse bildet), dadurch sinkt der CO_2-Gehalt der Atmosphäre, dadurch verringert sich der Treibhauseffekt und

folglich auch die Erwärmung (negative Rückkopplung). Andererseits wird die Erdoberfläche durch die Ausbreitung der Vegetation dunkler, was die Albedo verringert und die Erwärmung verstärkt (positive Rückkopplung).

Damit sei die Betrachtung der wichtigsten Aspekte und Effekte der Klimaphysik abgeschlossen, obwohl sie längst nicht vollständig ist. Immerhin folgen aber nun in Kap. 7 die Klimamodelle, die zum weitaus größten Teil ebenfalls physikalisch orientiert sind.

7 Klimamodelle

Klimamodelle sind der Versuch, die Erkenntnisse der Klimaphysik in ein rechenfähiges Konzept umzusetzen. Sie bestehen daher aus einem *physikalischen Gleichungssystem*, das mathematisch überwiegend die Form nicht exakt lösbarer Differentialgleichungen hat. Diese Interna, die Inhalt vieler Bücher und Fachveröffentlichungen sind[21,43,42,53,54,67,130] und eine längere Entwicklungsgeschichte hinter sich haben, muss nicht jeder verstehen, der die Ergebnisse von Klimamodellrechnungen kennen und ggf. nutzen möchte. Entsprechend knapp fällt der hier folgende Überblick der Klimamodellierung aus. Wichtig dafür ist zunächst, dass die *Klimaphysik* (vgl. Kap. 6) sehr umfangreich ist, daher nur teilweise berücksichtigt werden kann und die nicht exakt lösbaren Gleichungen, die sie beschreiben, iterative (schrittweise) Näherungsverfahren erfordern. Im Zusammenhang mit der i.a. dreidimensionalen Auflösung erfordert dies selbst an den größten Rechenanlagen der Welt immense Rechenzeiten, die bei aufwändigen Modellen und gängigen Fragestellungen in der Größenordnung von Monaten liegen.

Historisch haben sich die Klimamodelle aus den *Wettervorhersagemodellen* entwickelt. Das bedeutet, dass es sich im aufwändigen Fall um dreidimensionale Zirkulationsmodelle (engl. General Circulation Models, GCM) handelt, die jedoch beim Klima zunächst stets global sein müssen und zumindest die Atmosphäre mit dem Ozean koppeln (Atmospheric-Oceanic Circulation Models; AOGCM), siehe Abb. 11. Werden noch weitere Komponenten des Klimasystems (vgl. Kap. 5) berücksichtigt, vor allem die Kryosphäre und der Boden, optional auch die Vegetation, spricht man von Erdsystemmodellen (Earth System Models with Intermediate Complexity, EMIC), insbesondere wenn, um auch dann noch realisierbare Rechenzeiten zu ermöglichen, die Komplexität der Klimaphysik drastisch vereinfacht wird. Im Kap. 1 sind im Rahmen der historischen Entwicklung der Klimaforschung bereits einige Pioniere der Klimamodellentwicklung genannt worden.

Die dreidimensionale Auflösung sowohl der Wettervorhersage- als auch der Klimamodelle wird durch horizontal angeordnete *Gitterpunktsysteme* (vgl. Abb. 2 in Kap. 3) verwirklicht, die in mehreren „*Schichten*" (genauer isobaren Flächen, d.h. Flächen gleichen Luftdrucks) übereinander angeordnet sind. Das Intergovernmental Panel on Climate Change (IPCC, deut. Zwischenstaatlicher Ausschuss (der Vereinten Nationen) für Klimaänderungen) hat in seinem letzten umfassenden Bericht (2014)[54] u.a. auch die wichtigsten Charakteristika der derzeit weltweit aufwändigsten ca. 30–40 Klimamodelle zusammengestellt. Daraus geht hervor, dass, jeweils gerundet, die horizontale Gitterpunktauflösung zwischen 100 und 200 km liegt, die Anzahl der „Schichten" zwischen 20 und 100 und die dabei erreichte Höhe zwischen 30 und 80 km. Sie umfassen somit zumindest Troposphäre und Stratosphäre (vgl. Kap. 2), zum Teil sogar auch noch die Mesosphä-

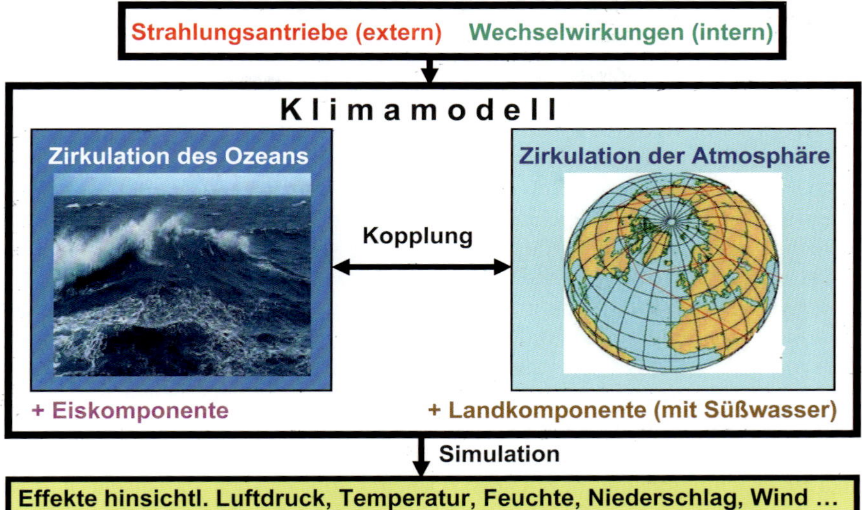

Abb. 11. Schema eines globalen Klimamodells mit gekoppelter atmosphärisch-ozeanischer Zirkulation, engl. AOGCM (Atmospheric-Oceanic General Circulation Model), auch CGCM (Coupled General Circulation Model) genannt, das auf Strahlungsantriebe (extern bezüglich des Klimasystems) reagiert und von Wechselwirkungen (intern bezüglich des Klimasystems) modifiziert wird.

re. Da die horizontale Auflösung für viele regionalklimatische bzw. wolkenphysikalische Fragestellungen zu grob ist, wurden *regionale Klimamodelle* (Regional Climate Models, RCM) entwickelt, die jedoch stets von Globalmodellen – wie man in der Fachsprache sagt – angetrieben werden müssen. Diese werden in Form eines relativ feinmaschigen Netzes in das grobmaschigere Netz der Globalmodelle sozusagen eingehängt – man spricht dabei von „Nesting". In jüngster Zeit hat sich der Abstand der Gitterpunkte solcher RCMs von der Größenordnung ca. 10–50 km in Richtung wenige Kilometer reduziert. Dabei wird auch das Konzept des „Mehrfach-Nesting" eingesetzt, d.h. in ein Globalmodell wird zunächst ein Regionalmodell mit vergleichsweise noch grober Auflösung eingehängt und in dieses dann noch ein Lokalmodell mit feinerer Auflösung.

Sowohl Wettervorhersage- als auch Klimamodelle beginnen mit sog. *Anfangsbedingungen*, die in Messwerten repräsentiert sind. Da die Messstationen nicht in einem regelmäßigen Gitterpunktsystem angeordnet sind, müssen deren in unregelmäßigen räumlichen Abständen vorliegende Messdaten in den Bezug des Modellgitters umgerechnet werden. Wie bereits in Kap. 3 im Zusammenhang mit der Errechnung räumlicher Mittelwerte dargelegt (vgl. dazu Abb. 2), ist das bei Anwendung geeigneter räumlicher Interpolationen kein Problem. Im Zusammenhang mit der Modellierung spricht man von „objektiver Analyse“, die somit für die Wettervorhersage sozusagen das tägliche Brot der Meteorologen ist und weitergehend bei der Klimamodellierung ebenfalls zur Routine gehört. Nur am Rande sei erwähnt, dass es auch vereinfachte (physikalische) Klimamodelle gibt. In der extremsten Vereinfachung wird nur die global gemittelte bodennahe Lufttemperatur in Abhängigkeit von den Strahlungsantrieben (vgl. Kap. 6) betrachtet, in Form einer einzigen Gleichung, die abkühlende Antriebe (z.B. aufgrund von Vulkanausbrüchen) bzw. erwärmende Antriebe (z.B. aufgrund von Sonnenaktivität oder Veränderungen des Treibhauseffektes) enthält. Dieses Konzept der „*Energiebilanzmodelle*“ kann man auch ein wenig aufwändiger betreiben, indem man eine grobe räumliche Auflösung, z.B. nach Klimazonen, ins Spiel bringt, oder/und einige wenige vertikale „Schichten“ einführt, im einfachsten Fall neben der bodennahen Atmosphäre noch die Stratosphäre (da z.B. Vulkanausbrüche die bodennahe Atmosphäre kühlen und die Stratosphäre wärmen; vgl. Kap. 6). All diese Konzepte, ob extrem vereinfacht oder extrem aufwändig, kann man als physikalische Klimamodelle bezeichnen. Daneben gibt es auch statistische Klimamodelle, die mit empirischen Regressionen (vgl. Kap. 3) oder, noch aufwändiger, mit neuronalen Netzen[115] arbeiten. Dies sei hier jedoch nur erwähnt.

Eminent wichtig aber ist, dass sich das Ziel der Modellrechnungen beim Klima gegenüber der Wettervorhersage wesentlich unterscheidet. In beiden Fällen beginnt man zwar mit Anfangsbedingungen, also mehr oder weniger aktuellen Messwerten; bei der Wettervorhersage aber wird dann in sog. Zeitschritten, die üblicherweise in der Größenordnung von Minuten liegen, in die Zukunft gerechnet. Das heißt, das Anfangswertefeld hinsichtlich Temperatur, Feuchte, Luftdruck usw. wird mit Hilfe der Modellgleichungen schrittweise für spätere Zeiten simuliert. Beim Wetter lassen sich diese Ergebnisse alsbald mit der Wirklichkeit vergleichen und dabei stellt man fest, dass es Modellfehler gibt, die im Laufe der Simulationszeit zunehmen. Das hängt sowohl mit der begrenzten räumlichen Auflösung als auch mit der Tatsache zusammen, dass das Wettergeschehen chaotische Anteile enthält. Zudem produzieren die mathematischen Näherungsverfahren sog. numerische Fehler, die mit der Zeit anwachsen. Insgesamt zeigt sich, dass gegenwärtig die Wettervorhersage (je nach Wettersituation) nicht mehr als ca. 2–4 Wochen in die Zukunft hinreichend verlässlich ist (auch wenn derzeit Konzepte in der Entwicklung und Erprobung sind, in der sog. mittelfristigen Wettervorhersage weiter zu kommen, mit dem Wunschtraum einer jahreszeitlichen Vorhersage). Insgesamt spricht man wegen dieser Gesamtkonzeption bei der *Wettervorhersage* von einem *Anfangswertproblem.*

Bei der *Klimamodellierung* beginnt man zwar ebenfalls mit Anfangsbedingungen. Es interessiert nun aber nicht, wie sich diese Messwerte nach einer Woche, einem Jahr oder gar einem Jahrhundert verändert haben – formal lässt sich das zwar berechnen, ist aber spätestens nach einigen Wochen völlig unrealistisch – sondern wie sie auf veränderte Randbedingungen reagieren. Die *Klimamodellierung* ist somit vor allem ein *Randwertproblem*. Solche veränderten Randbedingungen hängen praktisch immer mit einem veränderten Strahlungsantrieb zusammen (Abb. 11), also beispielsweise der Strahlungsreaktion der Atmosphäre auf einen Vulkanausbruch oder auf eine sonstige Veränderung der atmosphärischen Zusammensetzung, insbesondere auch hinsichtlich des Treibhauseffekts. Außerdem werden die Klimamodellergebnisse nicht für einen fixen Zeitpunkt (z.B. 20. Juni 2057) betrachtet, das wäre unsinnig; vielmehr geht es um die Langzeitstatistik, bzw. die Veränderung der Klimaelemente, beispielsweise über 30 Jahre (vgl. Kap. 3). Das ist bei einem einzelnen Vulkanausbruch wiederum nicht sehr sinnvoll, weil dessen Wirkung nur wenige Jahre anhält (wird aber trotzdem simuliert), wohl aber bei Langzeitveränderungen der atmosphärischen Zusammensetzung wegen ihres Treibhauseffektes. Typischerweise vergleicht man dann die *Klimastatistik* (Mittelwerte, Varianzen usw. von Temperatur usw. in globaler, hemisphärischer oder sonstiger regionaler Mittelung oder auch in voller Gitterpunktauflösung) für z.B. 2071–2100 gegenüber z.B. 1961–1990 oder 1971–2000. Wie bei der Wettervorhersage muss aber auch jede Klimamodellsimulation verifiziert werden, um abzuschätzen, wie verlässlich die jeweilige Simulationsrechnung ist.

Dies geschieht durch die Simulation der Klimavergangenheit, die aufgrund von Beobachtungen mehr oder weniger gut bekannt ist. Ist die betrachtete Zeitspanne zeitnah (z.B. 1971–2000) spricht man von einem „Kontrollexperiment“ (obwohl der Begriff „Experiment“ in diesem Zusammenhang unglücklich ist, weil darunter normalerweise ein Messprogramm verstanden wird). Sowohl in diesem Fall als auch bei Simulationen, die weiter zurückliegende vergangene Zeiträume betreffen, sind im Rahmen der verfügbaren Messdatenbasis Verifikationen möglich und auch notwendig. Bei der Simulation von Klimazuständen, die Jahrzehnte oder gar ein Jahrhundert und mehr in der Zukunft liegen, sind Verifikationen natürlich nicht möglich. In diesem Fall hofft man, dass das jeweilige Modell, wenn es im Kontrollexperiment und hinsichtlich der länger zurück liegenden Vergangenheit zufriedenstellende Ergebnisse liefert, auch für die Zukunft einigermaßen zutreffend ist. Das ist jedoch stets unsicher, u.a. deswegen, weil man nicht weiß, ob die vielen Rückkopplungen im Klimasystem (vgl. Kap. 6) in der Zukunft prinzipiell genauso wirken werden wie in der Vergangenheit. Und ganz grundsätzlich ist ja jedes Modell eine beschränkte Vereinfachung der Wirklichkeit. Aus diesem Dilemma helfen – zwar nicht völlig, aber prinzipiell – zwei Kunstgriffe: Erstens, es werden mit dem gleichen Simulationsziel verschiedene Klimamodelle eingesetzt, die in ihrer Physik etwas unterschiedlich sind, z.B. hinsichtlich der Behandlung der Wolken, und somit auch etwas unterschiedliche Ergebnisse liefern. Zweitens, es werden sog. Monte-Carlo-Simulationen eingesetzt, d.h. das jeweilige Modell startet mehrmals mit etwas veränderten Anfangsbedingungen; auch das liefert i.a.

etwas unterschiedliche Ergebnisse. Insgesamt gewinnt man so eine Abschätzung der Modell-Unsicherheit, weil man abschätzen kann, wie (empfindlich) das Modellergebnis auf leicht veränderte Ausgangsbedingungen reagiert. Folglich geben Klimatologen bei Zukunftssimulationen, die sie prinzipiell nicht Vorhersagen, sondern *Projektionen* nennen, ausschließlich nur Statistiken für relativ lange Zeitintervalle an und statt fester Werte Wertespannen, welche die Unsicherheit des Modells zum Ausdruck bringen.

Beim Stichwort „Wolken“ muss noch kurz das Konzept der *Parametrisierung* gestreift werden. Darunter versteht man, dass Bedingungen, die im Modell vor allem wegen der begrenzten räumlichen Auflösung nicht abgebildet werden können, durch modellierbare Alternativen ersetzt werden. Beispielsweise kann dies bei den räumlich sehr kompliziert aufgebauten Wolken durch „Kästen“ geschehen, die in einer bestimmten Region (hoffentlich!) die gleiche physikalische Wirkung haben wie die realen Wolken. Und dies ist nur ein Beispiel unter vielen. Zudem ist nicht bekannt, wie sich die Strahlungsantriebe in der Zukunft verändern werden. Dies trifft ganz besonders auf zukünftige anthropogene Emissionen klimawirksamer Spurengasen zu, so dass mit alternativen Annahmen, sogenannten *Szenarien,* gearbeitet werden muss. Sie orientieren sich am zukünftigen, möglichen Verhalten der Menschheit. In Kap. 11 wird detailliert darauf eingegangen. Ebenfalls ist es mit Blick auf die Zukunft nötig, von angenommenen Spurengasemissionen der Szenarien auf deren atmosphärische Konzentrationen zu schließen. Das kann durch das „Vorschalten“ eines *Stoffflussmodells*, in diesem Fall für Kohlenstoff (C), vor das eigentliche Klimamodell geschehen; denn glücklicherweise verbleibt nicht die ganze anthropogene Emission in der Atmosphäre. Ein Teil wird vom Ozean und ein weiterer Teil von der Vegetation aufgenommen. Nicht weniger wichtig ist die Abschätzung der ökologischen und ökonomischen Auswirkungen des Klimawandels, dem ein eigenes Kapitel (Kap. 13) gewidmet ist. Obwohl dies schwierig und keinesfalls immer zielführend ist, kann versucht werden, an die Klimamodellergebnisse (im engeren Sinn) sog. Impaktmodelle anzuhängen (Impact bedeutet Auswirkung). Beispielsweise können damit potentielle Veränderungen der natürlichen Vegetation infolge des Klimawandels simuliert werden. (Die tatsächliche Vegetation ist durch die Landwirtschaft und andere Eingriffe derartig anthropogen beeinflusst, dass sie keinesfalls nur vom Klimawandel abhängt). Ökonomische Folgen des Klimawandels lassen sich durch Impaktmodelle kaum oder nur sehr schwer abschätzen. Gibt es jedoch Hinweise darauf, dass z.B. Extremereignisse (wie Stürme, Starkniederschläge usw., siehe Kap. 12) in Zukunft häufiger werden könnten, ist die Abschätzung der entsprechenden ökonomischen Schäden eine Alternative.

8 Paläoklima (seit Entstehung der Erde)

Nach gängigen astrophysikalischen Vorstellungen ist das Universum mit seinen Galaxien, darunter unsere Milchstraße, vor rund 14 Milliarden Jahren durch den sog. Urknall entstanden[8,89,135]. Als genauestes Alter der Entstehung gilt derzeit 13,82 Milliarden Jahre[7]. Innerhalb der Galaxien entstehen und vergehen ständig Sonnen. Sie hinterlassen bei ihrem Vergehen durch gewaltige Explosionen (Supernovae) sog. Sternenstaub, aus dem durch Kontraktion (Massen-Zusammenziehung) und Rotation neue Sonnen mit ihren Planetensystemen entstehen. So war es vor rund 4,6 Milliarden Jahren auch bei unserer *Sonne*, als sie zeitgleich mit den um sie kreisenden Planeten zu existieren begann. Ebenso alt ist somit auch unsere *Erde* (nach OSCHMANN[89] 4,566 Milliarden Jahre). Über das Klima ihrer frühesten Zeit existieren nur astro- bzw. geophysikalische Theorien. Am wahrscheinlichsten ist, dass die Erde nach ihrer Kontraktionsphase sehr heiß war, aber rasch begann, sich durch Abstrahlung abzukühlen[103, 112,115]. Schon vor etwa 4 Milliarden Jahren hat die Temperatur an der Erdoberfläche wahrscheinlich die 100 °C-Grenze unterschritten, siehe Abb. 12. Fast ebenso alt, nämlich 3,8 Milliarden Jahre, sind die ältesten Sedimente, die uns – zunächst zwar nur sehr grob aber immerhin – mit Hilfe paläoklimatologischer Rekonstruktionsmethoden (vgl. Kap. 4) Abschätzungen des frühen Klimas der Erde erlauben[29,33,89,115]. Im Zuge der weiteren Abkühlung konnte das zunächst nur gasförmig vorliegende H_2O, also der Wasserdampf, beginnen zu kondensieren, also flüssiges Wasser zu bilden. Daraus entwickelten sich immer größere Ozeane. Die ersten Anzeichen dafür werden auf 3,2 Milliarden Jahre vor heute datiert. Mit den immer größer werdenden Ozeanen und verstärkt mit der Entwicklung pflanzlichen Lebens ab ungefähr 2,6 Milliarden Jahren vor heute[88], erst im Ozean (Phytoplankton) und dann an Land, hat auch die immer gravierender werdende Abschwächung des (natürlichen) Treibhauseffektes (vgl. Kap. 6) wesentlich zur weiteren Abkühlung beigetragen; denn die – wie heute noch bei Venus und Mars – überwiegend aus Kohlendioxid (CO_2, 96–98 %) bestehende frühe Erdatmosphäre[29,69] hat sich in eine Stickstoff-Sauerstoff-Atmosphäre (vgl. Kap. 2), wie wir sie heute noch haben, umgewandelt, weil atmosphärisches CO_2 mehr und mehr im Ozean gelöst und von der Vegetation aufgenommen wurde. Dadurch ist CO_2 zum Spurengas geworden, das es heute ist. Und wir sehen, dass schon in der Frühzeit der Erd- und Klimageschichte die atmosphärische CO_2-Konzentration aufgrund ihrer Strahlungswirkung eine sehr wichtige Rolle gespielt hat.

Nach diesen Entwicklungsstufen der frühen Erde im Zuge ihrer Abkühlung sind klimatologisch die ersten Hinweise auf die Existenz von Eis auf der Erdoberfläche von besonderem Interesse. Solche Klimazustände werden als *Eiszeitalter* bezeichnet. Sie traten bis in die jüngste geologische Zeit episodisch auf und dauerten jeweils einige Jahrmillionen an[12,33,69,89,115]. Sie dürfen nicht mit den Eiszeiten

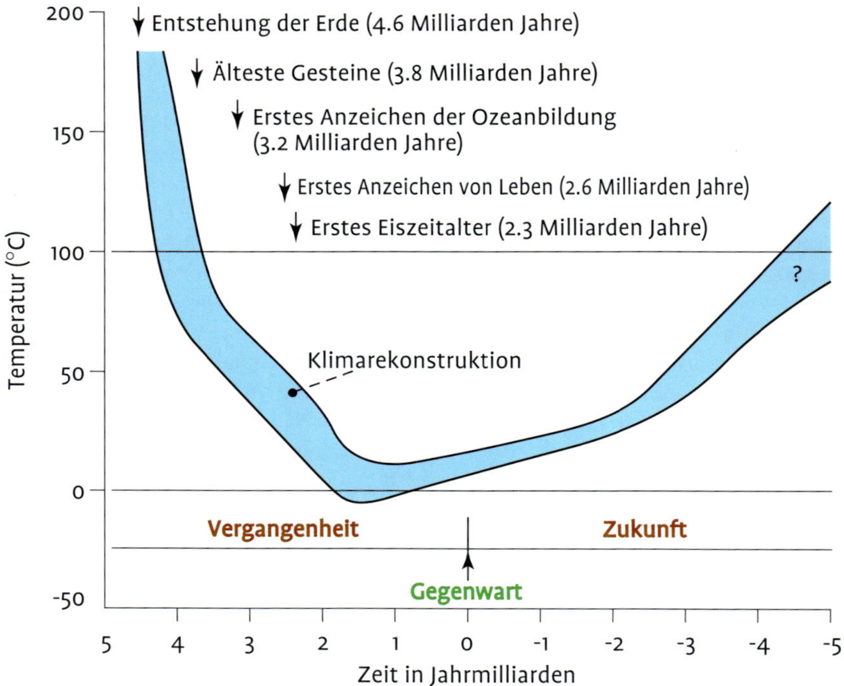

Abb. 12. Geschätzter Verlauf der global gemittelten bodennahen Lufttemperatur seit der Entstehung der Erde (vor rund 4,6 Mrd. Jahren) bis ebenso weit in die Zukunft, theoretisch nach u.a. SAGAN und MULLEN[103] und einige Meilensteine der Erd- und Klimaentwicklung nach u.a. OSCHMANN[89], zusammengefasst hier nach SCHÖNWIESE[115].

verwechselt werden, die relativ kalte Zeitabschnitte innerhalb eines Eiszeitalters sind (näheres unten). Leider wird das erste rekonstruierte Eiszeitalter „Huronische Eiszeit“ genannt[69,89], was der begrifflichen Klarheit nicht gerade förderlich ist. Ohne nun in die detaillierte Beschreibung des Paläoklimas einzusteigen (die diverse Bücher füllt), sei im Überblick folgendes festgestellt:

- Insbesondere in der frühen bis mittleren Erdgeschichte dominierte ein sehr warmes Klima, das keinerlei Eisvorkommen an der Erdoberfläche (also weder an den geographischen Polen noch in den Gebirgen) zuließ, das sog. *akryogene Warmklima* (akryogen heißt ohne Eis, d.h. ohne Kryosphäre, vgl. Kap. 5).
- Episodisch traten Klimazustände auf, die so kalt waren, dass sie Eisvorkommen an der Erdoberfläche ermöglicht haben, die *Eiszeitalter*. Sie sind in Tab. 4

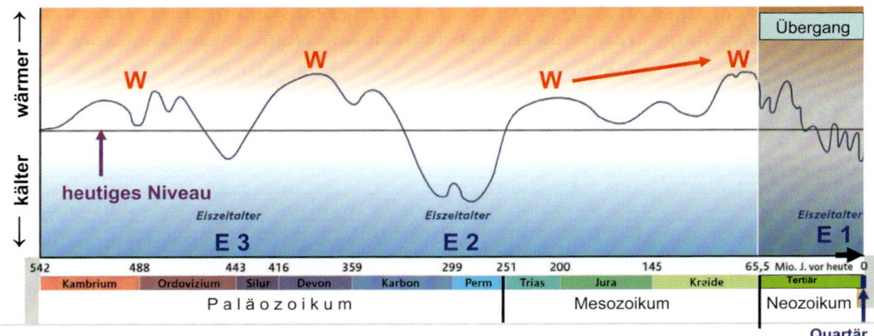

Abb. 13. Relative Änderungen der global gemittelten bodennahen Lufttemperatur in den letzten rund 540 Jahrmillionen mit akryogenen (d.h. eisfreiem) Warmklima (W) und Eiszeitaltern (E1: Quartäres, E2: Permokarbonisches und E3: Silur-Ordovizisches); nach BUBENZER und RADTKE[12], verändert.

zusammengestellt, beginnend mit der sog. Huronischen Eiszeit bis zum jüngsten, dem Quartären Eiszeitalter, in dem wir derzeit noch leben. Ihre Namen leiten sich fast alle von geologischen Zeitbegriffen ab (sog. Formationen oder Perioden).

- Diese Eiszeitalter waren unterschiedlich ausgeprägt, vgl. Abb. 13, wobei einige nur Vereisungen an einem der beiden geographischen Pole zugelassen haben (sog. unipolare Vereisungen, z.B. während des Silur-Ordovizischen Eiszeitalters), während wir es derzeit, im Quartären Eiszeitalter, offensichtlich mit bipolaren Vereisungen zu tun haben (beide geographischen Pole vereist).
- Die zugehörigen Temperaturrekonstruktionen sind zunächst sehr ungenau. Für die Kreidezeit (142 bis 65 Millionen Jahre vor heute, vgl. Tab. 4) darf für die bodennahe nordhemisphärische Mitteltemperatur ein ungefähr 10 °C höherer Wert gegenüber heute angenommen werden.
- Im sich anschließenden Tertiär hat dann, unter Fluktuationen, eine markante Abkühlung begonnen, die vor schätzungsweise 38 Jahrmillionen im Bereich der Antarktis bereits erste Vereisungen zugelassen hat, ab dem Übergang zum Quartär, vor ca. 3–2 Jahrmillionen, dann auch auf der Nordhemisphäre. Verständlicherweise gibt es über das Quartäre Eiszeitalter sehr viel verlässlichere und genauere Temperaturrekonstruktionen als für frühere Eiszeitalter, so dass das Quartär später genauer beleuchtet werden soll.

Zunächst aber müssen die Ursachen dieser Vereisungen diskutiert werden. Prinzipiell ist es so, dass *je nach zeitlicher und auch räumlicher Größenordnung*

Tabelle 4. Geologische Gliederung der Erdgeschichte (Zeitangaben in Jahrmillionen vor heute, nach Lexikon der Geowissenschaften[69], ergänzt nach OSCHMANN[89]) mit Grobübersicht der klimatologischen Charakteristika[31,89,115].

Zeit, Mill. Jahre	Ära (Zeitalter)	Formation (Periode)	Grobe Klimacharakteristik
ab 1,6	Neozoikum	Quartär	*Quartäres Eiszeitalter* (Beginn allmählich vor ca. 2–3 Mill. Jahren)
ab 65		Tertiär	Erst warm, dann Abkühlung und später Vereisungsbeginn in der Antarktis
ab 142	Mesozoikum	Kreide	In Europa sehr warm, meist trocken
ab 205		Jura	In Europa warm, sehr trocken
ab 250		Trias	Warm, meist trocken
ab 290	Paläozoikum	Perm	*Permokarbonisches Eiszeitalter* (320–260 Mill. Jahre), danach warm und trocken
ab 355		Karbon	Erst sehr warm und feucht, dann Übergang in ein *Eiszeitalter*
ab 410		Devon	Warm, relativ trocken
ab 438		Silur	Nach dem *Eiszeitalter* warm und zeitweise sehr feucht
ab 510		Ordovizium	Warm und feucht, dann Übergang ins *Silur-Ordovizische Eiszeitalter* (450–440 Mill. Jahre)
ab 570		Kambrium	Warm und wahrscheinlich feucht
Ab 2500	Präkambrium	Proterozoikum	Mehrere *Präkambrische Eiszeitalter*, das erste davon vor ca. 2300 Mill. Jahren (Huronisch), dazwischen sehr warm
Ab 4000		Archaikum	Sehr heiß, allmählich weiter abkühlend
Ab 4600		Hadaikum	Exzessiv heiß, allmählich abkühlend

die Ursache-Wirkung-Mechanismen des Klimawandels sehr unterschiedlich sind. Es ist daher unzulässig, vom Klimawandel einer bestimmten zeitlichen Größenordnung auf den einer anderen zu schließen. Zudem gibt es je nach zeitlicher Grö-

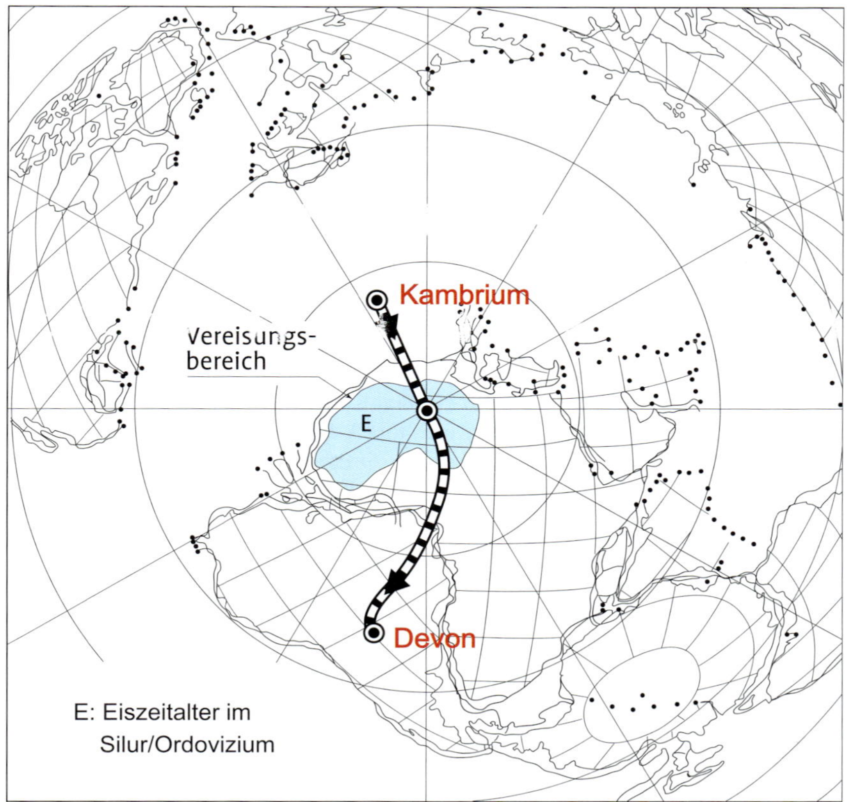

Abb. 14. Land-Meer-Verteilung vor ca. 440 Jahrmillionen (Übergang Ordovizium-Silur) mit Relativbewegung des geographischen Südpols; nach verschiedenen Quellen kombiniert, hier nach Schönwiese[115].

ßenordnung i.a. mehrere Ursachen, auch wenn sich häufig primäre Ursachen angeben lassen. Für das Kommen und Gehen der Eiszeitalter ist die *Kontinentaldrift* als primäre Ursache anzusehen (vgl. Kap. 6). Eiszeitalter werden immer dann begünstigt, wenn zumindest einer der geographischen Pole, besser noch beide, von Land bedeckt ist (polständige Landsituation). Dies war beispielsweise im Silur-Ordovizischen Eiszeitalter der Fall, als der geographische Südpol im Bereich des heutigen Nordafrika lag, vgl. Abb. 14. Dann konnte dort Schnee liegen bleiben, im Laufe der Zeit Eisschichten bilden und die Eis-Albedo-Rückkopplung (vgl. Kap. 6) führte zu einem relativ niedrigen Temperaturniveau. Erst als die heutigen

Kontinente Afrika und Südamerika auseinanderdrifteten und der Südpol in den Bereich des entstehenden Südatlantiks wanderte, ging dieses Eiszeitalter zu Ende; denn in solchen Situationen fällt der Schnee im wahrsten Sinne des Wortes ins Wasser (und taut). Beim Kommen und Gehen der Eiszeitalter ist zudem noch von weiteren Rückkopplungseffekten auszugehen, insbesondere im Zusammenhang mit der Zusammensetzung der Atmosphäre (näheres später). Sekundäre Ursachen sind Gebirgsbildungen („Auffaltungen" der Erdkruste), die höher gelegenes Terrain bilden, Serien von Vulkanausbrüchen und Meteoreinschläge.

Ähnlich wie zwar besonders gigantische, aber eben nur einzelne Vulkanausbrüche (sog. Megavulkane) haben auch Meteoreinschläge nur zeitlich begrenzte klimatische Wirkung, die kaum über einige Jahrzehnte hinausgeht. Dies reicht jedoch, um für das Leben auf der Erde dramatische Folgen zu haben. Die Paläoklimatologen haben für die letzten ca. 500 Jahrmillionen fünf derartige sog. *Bio-Ereignisse* (Bio Events) ausgemacht[88,89], die jeweils zu einem größeren *Artensterben* und somit auch Verlust von Biodiversität (Artenvielfalt) geführt haben:

- vor ca. 440 Millionen Jahren (Übergang Ordovizium/Silur; vgl. hier wie im folgenden jeweils Tab. 4 und Abb. 13);
- vor ca. 370 Millionen Jahren (im Devon);
- vor ca. 250 Millionen Jahren (Übergang Perm/Trias);
- vor ca. 200 Millionen Jahren (Übergang Trias/Jura);
- und vor ca. 70 Millionen Jahren (Übergang Kreide/Tertiär).

Besonders katastrophal war das Artensterben vor ca. 250 Millionen Jahren, auch wenn wegen des Aussterbens der Dinosaurier das letzte dieser Ereignisse (vor ca. 70 Millionen Jahren) bekannter ist. Das hängt auch damit zusammen, dass in diesem Fall die Ursache feststeht: der Einschlag eines riesigen Meteors in Mittelamerika auf der Halbinsel Yucatan[69]. Auslöser für die anderen Ereignisse sind ebenfalls Meteoreinschläge, aber auch Mega-Vulkanausbrüche stehen in der Diskussion.

Von besonderem Interesse ist auch die Tatsache, dass eines (oder vielleicht mehrere) der Präkambrischen Eiszeitalter, wahrscheinlich das vor ca. 750 Millionen Jahren, so kalt war, dass fast die ganze Erde vereiste[12,45]. Diese relativ neue Erkenntnis ist unter dem Schlagwort "Schneeball Erde" bekannt geworden. Und wieder hat das CO_2 dabei eine wichtige, ja sogar die entscheidende Rolle gespielt. Kurz gesagt wird angenommen, dass die Entwicklung zu diesem extrem kalten Klimazustand mit einer Erde begonnen hat, auf der im Zuge der Kontinentaldrift relativ viele Kontinente in den Tropen konzentriert waren. Das führte zu verstärkter Verwitterung von Karbonaten ($CaCO_3$) und Silikaten ($CaSiO_3$), welche CO_2 verbraucht, das der Erdatmosphäre entzogen wird. Dadurch wurde der (natürliche) Treibhauseffekt derartig abgeschwächt, dass es zu diesen exzessiven Vereisungen kam. Die Beendigung des Zustands „Schneeball Erde" hat der

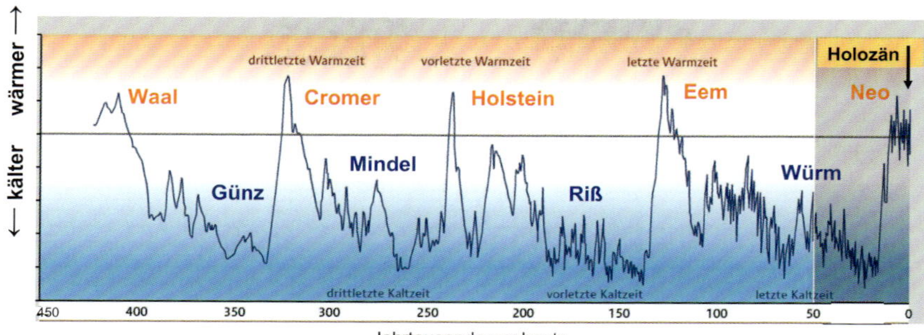

Abb. 15. Relative Änderungen der global gemittelten bodennahen Lufttemperatur in den letzten rund 420 Jahrtausenden; nach BUBENZER und RADTKE[12], verändert.

Vulkanismus besorgt, der zwar kurzfristig über schweflige Gase und Partikel in der Stratosphäre Erwärmungen und in der Troposphäre (bodennah) Abkühlungen hervorruft (vgl. Kap. 6), aber sehr langfristig die Atmosphäre mit CO_2 anreichern kann, insbesondere dann, wenn der wegen des „Schneeball"-Zustands weitgehend zugefrorene Ozean kaum CO_2 aufnehmen kann und ebenso wenig die stark reduzierte Vegetation.

Nun zum Quartären Eiszeitalter[10,11,12,33,62,54,59,88,89,115], welches vor ca. 3–2 Jahrmillionen begonnen hat und in dem wir heute noch leben. Es ist – wie vermutlich frühere Eiszeitalter auch – durch ein ausgeprägtes Wechselspiel von kälteren und wärmeren Zeitabschnitten gekennzeichnet, den Kalt- und Warmzeiten, die auch Eiszeiten und (etwas missverständlich) Zwischeneiszeiten genannt werden. Mindestens 20 davon hat es gegeben, die je nach der Region, in der sie untersucht worden sind, unterschiedliche Namen tragen. Die jüngsten vier Kalt- und fünf Warmzeiten sind in Abb. 15 ersichtlich, wobei die Namen der Kaltzeiten aus dem bayerischen Voralpenbereich (nach den österreichischen Geographen und Glaziologen ALBRECHT PENCK (1858–1945) und EDUARD BRÜCKNER (1862–1927)) und die Namen der Warmzeiten aus dem holländisch-norddeutschen Bereich stammen. Nur die jüngste Warmzeit, in der wir heute leben, trägt den geologischen Namen Holozän, wird aber auch „Nacheiszeit" (Postglazial, obwohl die Vereisungen offenbar nicht verschwunden sind, also wieder ein etwas missverständlicher Name) oder Neo-Warmzeit genannt. In Abgrenzung zum Holozän heißt die ganze vorangegangene Zeit des Quartären Eiszeitalters Pleistozän. Relativ genau weiß man, dass im nordhemisphärischen Mittel das Temperaturminimum der Würm-Kaltzeit (ungefähr vor 18.000 Jahren) ungefähr 4–5 °C tiefer lag als heute (1961–1990)[54,62,69,88] und diese Größenordnung gilt wohl generell für den Temperaturunterschied zwischen Kalt- und Warmzeiten im Quartären Eiszeitalter, zumindest

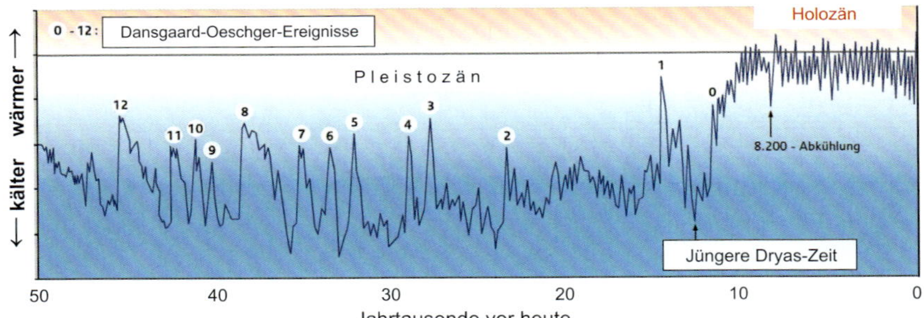

Abb. 16. Relative Änderungen der global gemittelten bodennahen Lufttemperatur in den letzten 50 Jahrtausenden nach Rahmstorf[95], hier nach BUBENZER und RADTKE[12], jeweils verändert. (Dansgaard-Oeschger-Ereignisse – siehe Text S. 60 letzter Absatz).

in den letzten ca. 500 Jahrtausenden. Zum Höhepunkt der Eem-Warmzeit war es dagegen etwas wärmer als heute, im nordhemisphärischen Mittel ca. 1,5 °C[54]. Dies hatte wahrscheinlich eine geringere Eisbedeckung als heute zur Folge, vor allem hinsichtlich des Meereises und des Festlandeises der Westantarktis. Gewaltige Auswirkungen hatte dagegen das tiefe Temperaturniveau der Würm-Kaltzeit: Die Eisbedeckung der Erde war damals ungefähr um den Faktor drei größer als heute[B12,62,64], dabei war der ganze nördliche Teil von Nordamerika bis hin zu den großen Seen kilometerdick mit Eis bedeckt (Laurentidischer Eisschild), ebenso von den Gebirgen Skandinaviens ausgehend die südliche Nordsee, Südengland, große Teile der norddeutschen Tiefebene sowie das heutige nördliche Voralpenland bis fast zur Donau hin. Wegen dieser enormen Landeisbedeckung lag der Meeresspiegel ca. 130 m tiefer als heute. Entsprechend tiefgreifend verändert waren die (damals noch rein natürlichen) Vegetationszonen. Dies zeigt, welche enormen Effekte Klima-Temperaturänderungen von 4–5 °C haben, während entsprechende Temperaturänderungen in der zeitlichen Größenordnung des Wetters kaum der Rede wert sind (vgl. Klima-Definition in Kap. 3).

Die primäre Ursache für das Kommen und Gehen der Kalt- und Warmzeiten wurde schon im Kap. 6 behandelt: die Orbitalparameter (des Umlaufs der Erde um die Sonne), wobei in den letzten ca. 500 Jahrtausenden der rund 100.000-jährige Zyklus (der Exzentrizität der Erdumlaufbahn um die Sonne) dominiert hat. Da es für diese Zeit schon recht genaue Klimamodellrechnungen gibt, die den Kalt-Warmzeit-Zyklus gut repräsentieren[5,54,89], weiß man auch über die Strahlungsantriebe gut Bescheid. Der direkte Strahlungsantrieb durch die Orbitalparameter[59], in diesem Fall durch die Variation der Erdumlaufbahn um die Sonne mit der daraus resultierenden Variation des Abstands Erde-Sonne, beträgt interessanterweise nur rund 0,5 W/m^2. Der Temperatureffekt wird vor allem durch Rückkopplungen hervorgerufen[59], und zwar durch die Eis-Albedo-Rückkopplung (3,5 W/m^2) und die Spurengasrückkopplung (3 W/m^2, vor allem durch CO_2, daneben auch CH_4 und N_2O; vgl. Kap. 2). Dies bedeutet, dass insgesamt ein Strahlungsantrieb von 6,5 W/m^2 eine Temperaturänderung von 4–5 °C hervorgerufen hat. Man spricht von der *Klimasensitivität*, die uns in Zusammenhang mit dem jüngsten Klimawandel noch beschäftigen muss. Geht man von 5 °C aus, betrug sie damals 5/6,5 ≈ 0,77 oder rund ¾ °C W/m^2). Bei diesen Rückkopplungen ist wichtig, dass im Gegensatz zur neueren Zeit (Industriezeitalter) die Spurengase *reagiert* haben, also Wirkung und nicht Ursache waren[54]. Nur über die Rückkopplungen kann man ihnen auch einen indirekten ursächlichen Beitrag zusprechen. Der Hauptgrund dafür ist der Ozean, der bei Abkühlung diese Gase verstärkt bindet und bei Erwärmung verstärkt ausgast und somit die Spurengas-Konzentrationen in der Atmosphäre indirekt entsprechend beeinflusst. Tatsächlich findet man mit Hilfe von Untersuchungen an Eisbohrkernen (vgl. Kap. 4), dass damals die Spurengaskonzentrationen in etwa parallel zur Temperatur geschwankt haben[54], bei sehr genauer Analyse mit leichter Verzögerung gegenüber der Temperatur, wie es aufgrund der Ursache-Wirkung-Beziehungen auch sein muss.

Die Tatsache, dass die Ursache des Kalt-/Warmzeit-Zyklus gut bekannt und somit auch in Klimamodellen erfassbar ist, erlaubt auch die Beantwortung der Frage, wann mit der nächsten Kaltzeit zu rechnen ist. Die Orbitalparameter-Zyklen werden auch in der Zukunft weiter gehen. Als Pionier solcher Modellierungen, und zwar sowohl für die Vergangenheit als auch die Zukunft, kann der belgische Astronom und Klimatologe André Berger (* 1942) angesehen werden. Nach den Berechnungen seines Teams wird sich die globale Mitteltemperatur, ausschließlich natürliche Antriebe vorausgesetzt, unter Fluktuationen bis zu einem in ungefähr 60.000 Jahren zu erwartenden Tiefpunkt der nächsten Kaltzeit (Prä-Kaltzeit) zu bewegen[5,89]. Wäre der entsprechende Trend linear, würde das rund 0,01 °C pro 100 Jahre bedeuten, also im Vergleich zu den überlagerten Trends und Fluktuationen, insbesondere auch der jüngeren Zeit (Industriezeitalter, siehe Kap. 10) sehr wenig.

Je näher wir an die Jetztzeit heranrücken, umso genauer wird die Rekonstruktion des Klimawandels der Vergangenheit. Dabei wird auch ersichtlich, dass die letzte Kaltzeit (Würm-Kaltzeit) keinesfalls thermisch einheitlich war (und die früheren daher vermutlich auch nicht), sondern es markante Schwankungen zwischen relativ warmen und besonders kalten Episoden gegeben hat. Dies ist in Abb. 16 deutlich zu erkennen. Diese Schwankungen werden Dansgaard-Oeschger-Ereignisse genannt[12,95] (die Namensgeber sind bereits in Kap. 1 genannt worden). Ihre Ursache ist dank der Arbeiten und insbesondere der Klimamodellierungen der Klimaforscher (u.a. am Potsdam-Institut für Klimafolgenforschung)[95] durch das Team von Stefan Rahmstorf (* 1960) neuerdings weitgehend geklärt.

Kurz gesagt ist es so, dass sozusagen der Motor dafür im Bereich des Nordatlantiks liegt, wo es episodisch zu Vorstößen von Warmwasser gekommen ist, vergleichbar der heutigen Wirkung des Nordatlantikstroms (vgl. Abb. 7 in Kap. 6). Teilweise führte dies zum Abschmelzen von polarem Landeis und der darauf beruhende Süßwassereintrag hat die Dichte des Ozeanwassers so stark reduziert, dass dort die thermohaline Zirkulation (THC; vgl. Kap. 6) stark geschwächt wurde und der Nordatlantikstrom wieder in den Normalmodus einer Kaltzeit zurückgefallen ist. In diesem Normalmodus kommt er wesentlich weniger weit nach Norden voran, was für das Kaltzeit-Klima typisch ist.

Im Prinzip ähnlich aber wesentlich effektiver war der Kälterückschlag am Ende der Würm-Kaltzeit (vgl. wiederum Abb. 16). Im Wesentlichen von den Orbitalparametern gesteuert war der Übergang von der Würm-Kaltzeit zum Holozän, unserer heutigen Neo-Warmzeit, schon fast geschafft, als es zu einer so drastischen Abkühlung kam, dass das Klima fast völlig auf den Kaltzeit-Zustand zurückfiel. Diese Episode wird „Jüngere Dryaszeit" genannt[12,54,89] (in der älteren deutschen Literatur auch „Jüngere Tundrenzeit"; Dryas ist eine sog. Zeigerpflanze, die zur Identifikation von in diesem Fall relativ kalten Klimazuständen dient) und ist auf die Zeit 12.850–11.650 vor heute datiert[54]. Als Ursache[12,36,54] vermutet man ein großräumiges Abschmelzen von Polareis als Folge von Erwärmung, wobei sich insbesondere im Bereich des damaligen Laurentidischen Eisschilds (Nordamerika) wahrscheinlich riesige Schmelzwasserseen gebildet haben. Schließlich wurden diese wohl instabil und gewaltige Süßwassermengen ergossen sich in den Nordatlantik. Dadurch wurde im Bereich der Absinkgebiete des Nordatlantikstroms (vgl. wiederum Abb. 8 in Kap. 6) das Absinken des Ozeanwassers praktisch zum Erliegen gebracht und der Warmwassertransport des Nordatlantikstroms nach Europa völlig blockiert. Die entsprechende Abkühlung war so stark, dass sie weltweite Auswirkungen hatte. Erst einige Jahrhunderte später (vgl. oben) ist der Nordatlantikstrom sozusagen wieder angesprungen und der Wärme-Übergang ins Holozän konnte nun endlich ungestört erfolgen.

9 Klima im Holozän (letzte ca. 10.000 Jahre)

Das Holozän, unsere derzeitige Neo-Warmzeit (auch Nacheiszeit bzw. Postglazial genannt), begann ziemlich genau vor 11.600 Jahren, nach der Jüngeren Dryaszeit (beim Übergang Würm-Kaltzeit → Holozän, vgl. Kap. 8)[54,115]. Seine erste Hälfte ist, was den Klimawandel angeht, nur paläoklimatologisch (und somit indirekt) erfasst. In der zweiten Hälfte kommen allmählich einige historische Informationen hinzu, allerdings meist verbal und indirekt (vgl. Kap. 4), auch wenn sie ungefähr für die letzten beiden Jahrtausende recht zahlreich und aussagekräftig sind. Schließlich, seit ungefähr 1850, haben wir dann auf direkten Messdaten beruhende globale Klimainformationen. Dieses sog. Neoklima wird uns im Kap. 10 eingehend beschäftigen. Insgesamt ergibt sich somit eine Dreiteilung des Holozän: frühes Holozän, letzte ca. 2.000 Jahre und Neoklima.

Einen Überblick über die Temperaturentwicklung im globalen Mittel erlaubt Abb. 17 unten. Im oberen Bildteil ist sie für die letzten Jahrtausende im nordhemisphärischen Mittel zu sehen. Dabei sind die Quellen zwar schon älter und weniger verlässlich, jedoch deckt sich die bessere zeitliche Auflösung durchaus

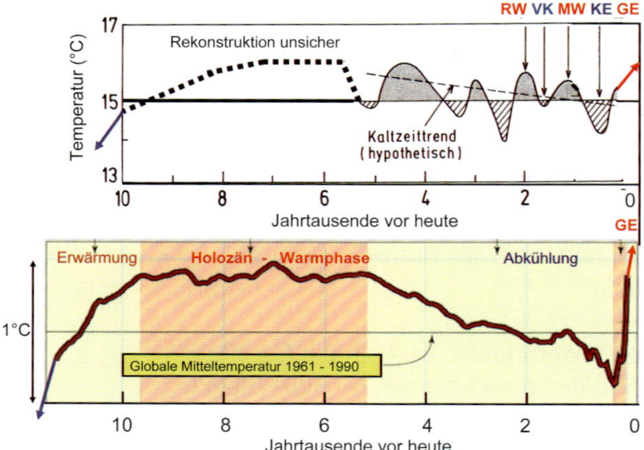

Abb. 17. Unten relative Änderungen der global gemittelten bodennahen Lufttemperatur im Holozän nach MARCOTT et al.[145]; oben entsprechende Temperaturrekonstruktion für die Nordhemisphäre nach älteren Quellen, insbesondere CLARK[16], die zwar mittlerweile unsicher sind, aber die historisch belegten überlagerten Fluktuationen der letzten Jahrtausende besser erkennen lassen. Dabei bedeuten die Abkürzungen: RW Römerzeit-Warmphase, VK Völkerwanderung-Kaltphase, MW Mittelalterliche Warmphase, KE „Kleine Eiszeit“, GE Globale Erwärmung (im Industriezeitalter). Ab 11600 bis ca. 10000 Jahre vor heute hat der Übergang von der Würm-Kaltzeit (Pleistozän) ins Holozän stattgefunden.

mit historischen Befunden. Aber gerade dabei darf man nicht mehr davon ausgehen, dass der Klimawandel global einigermaßen zeitgleich verlaufen ist. Die noch wesentlich genauere Informationsgrundlage des Neoklimas wird uns in Kap. 10 dementsprechend räumlich sehr differenzierende Betrachtungen erlauben. Hier, beim Überblick des Holozäns, mögen relativ grobe Aussagen ausreichen. Dabei erkennen wir, dass es im globalen Mittel zunächst eine Erwärmung gegeben hat, die vor ungefähr 9.000–5.000 Jahren ihr höchstes Temperaturniveau erreichte, bevor eine systematische Abkühlung einsetzte; sie wurde erst im Industriezeitalter durch die globale Erwärmung beendet. Trotzdem wird, auch aufgrund von Klimamodellrechnungen, die wärmste Phase des Holozän vor ca. 6.000 Jahren angesetzt[54,115,137]. Sie war im nordhemisphärischen Mittel ungefähr 1 °C wärmer als heute (1961–1990). Man spricht von der *Holozän-Warmphase*, auch Altithermum genannt (von lat. Altus = hoch). Die früher übliche Bezeichnung „Optimum" für relativ warme und „Pessimum" für relativ kalte Klimazustände ist missverständlich, weil ein relativ warmes Klima keinesfalls immer optimal ist und ein relativ kaltes keinesfalls immer schlecht. Das wird sich bei der Betrachtung des Neoklimas (Kap. 10) aber auch des Mittelalters noch zeigen. Auch hier soll daher nicht mehr vom Klimaoptimum des Holozän gesprochen werden.

Die vorliegenden Rekonstruktionen und Modellrechnungen für die wärmste Phase des Holozän[54,137] erlauben auch Niederschlagsaussagen. Am bemerkenswertesten ist dabei, dass es damals in Nordafrika wesentlich niederschlagsreicher gewesen ist als heute. Die Klimamodellrechnungen zur „grünen Sahara"[17] bestätigen dies eindrucksvoll. Und so werden auch die ungefähr aus dieser Zeit stammenden nordafrikanischen Höhlenmalereien mit ihren Tierherden-Szenen (vgl. Kap. 4) verständlich. Zudem lassen Satellitenbilder erkennen, dass es dort früher Flussläufe gegeben hat.

Die letzten 2.000 Jahre des Holozän, siehe Abb. 17 oben und Abb. 18, gliedern sich in Europa in[4,31,40,64,115]:

- die Römerzeit-Warmphase, ca. 0–300 n.C.;
- die Völkerwanderung-Kaltphase, ca. 300–700 n.C.;
- die Mittelalterliche Warmphase, ca. 950–1250 n.C.[54] (in England[64] wohl schon ab ca. 800 n.C., dies vermutlich auch in Island und Grönland, in Mitteleuropa dagegen eher um 1000–1300[40]);
- die sog. „Kleine Eiszeit", ca. 1300–1900 n.C.[40,64], nach IPCC[54] 1450–1850;
- die rezente „globale Erwärmung" des Industriezeitalters, ab ca. 1850/1900 n.C.

Dabei sind, mit Ausnahme der rezenten „globalen Erwärmung" (die im Zusammenhang mit dem Neoklima ausführlich in Kap. 10 behandelt wird; rezent bedeutet bis heute anhaltend), die zeitlichen Eintrittszeiten nordhemisphärisch und schon gar nicht global synchron und die Übergänge meist fließend. Daher sind die Zeitangaben dazu in der Literatur etwas unterschiedlich.

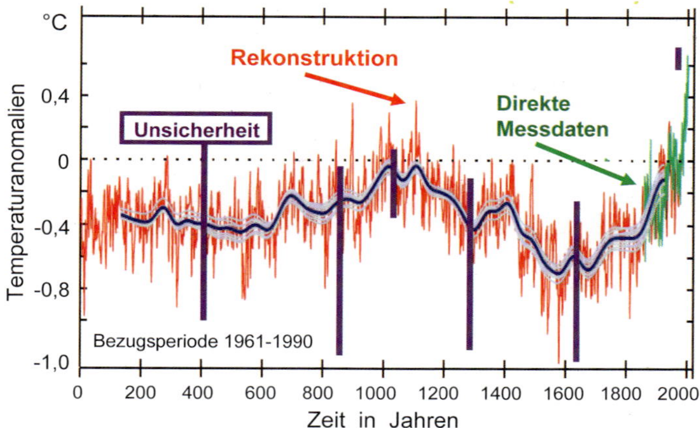

Abb. 18. Relative Änderungen der nordhemisphärisch gemittelten bodennahen Lufttemperatur in den letzten 2000 Jahren, jährlich (rot) und geglättet (blau) nach MOBERG et al.[80], Unsicherheitsbereiche ergänzt in Orientierung an IPCC[53,54], verändert.

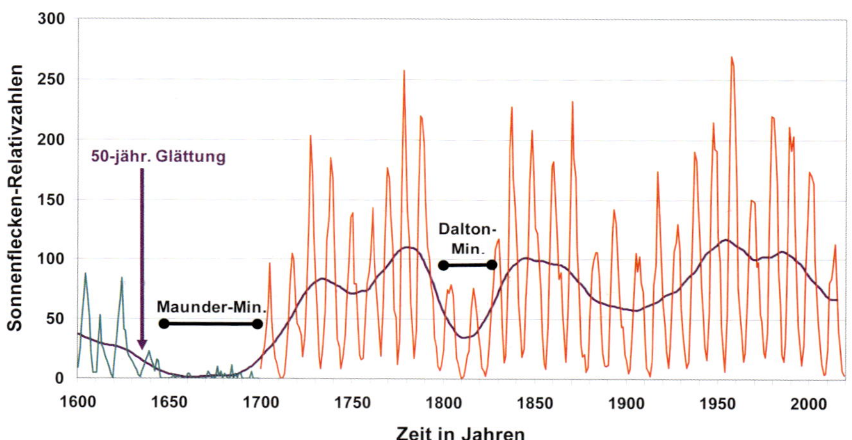

Abb. 19. Sonnenflecken-Relativzahlen 1600–2019 nach historischen Datenquellen (vgl. SCHÖNWIESE[115]), ab 1700 nach SIDC[121], mit 50-jähriger Glättung und Angabe der beiden letzten sog. solaren Minima.

In den diversen Klimamodellrechnungen – das IPCC greift in seinem letzten Bericht[54] auf elf derartige Berechnungen zurück – dominieren für die Zeit vor ca. 1850 die Sonnenaktivität und der Vulkanismus als wesentliche Ursachen. Beides ist im Rahmen der Klimaphysik (Kap. 6) schon besprochen worden. Dabei geht es im Kontext der Sonnenaktivität hier nicht um die diversen Zyklen, wovon der quasi-11-jährige in Abb. 19 ab 1600 ersichtlich ist, sondern um Zeiten, in denen die Sonnenaktivität mehrere Jahre sehr gering gewesen ist, die sog. solaren Minima. Bezieht man weiter zurückreichende Rekonstruktionen der Sonnenaktivität mit ein[136], so lassen sich auch ohne Modellrechnungen aus dem Vergleich der Rekonstruktionen von Temperatur und Sonnenaktivität gewisse Schlüsse ziehen[115]. So gab es von ca. 1100 bis 1250 recht langzeitlich eine relativ starke Sonnenaktivität, somit zur Mittelalterlichen Warmphase. Die solaren Minima, zuletzt ca. 1400–1510 das Sporer-Minimum, 1645–1715 das Maunder-Minimum, und 1800–1820 das Dalton-Minimum (vgl. dazu auch Abb. 19) decken sich jedoch weniger gut mit den besonders kalten Phasen der „Kleinen Eiszeit", wie sie unten näher besprochen werden. In Tab. 5 sind einige besonders klimawirksame Vulkanausbrüche zusammengestellt, die allerdings immer nur für wenige, meist 1–2 Jahre, markante Abkühlungen hervorrufen. In der historisch jüngeren Zeit war dabei vor allem der Ausbruch des Tambora (1815) effektiv, dem 1816 das sog. Jahr ohne Sommer folgte. Auf spätere klimawirksame Vulkanausbrüche wird in Kap. 10 eingegangen.

Was das Holozän und dabei vor allem die letzten rund 2.000 Jahre betrifft, so gehen in die diversen Modellrechnungen zwar die Strahlungsantriebe ein, doch geht aus dem letzten IPCC-Bericht[54] hervor, dass beim Vergleich der Modellergebnisse mit den Temperaturrekonstruktionen (wobei 9 Rekonstruktionen und 12 Modelle berücksichtigt sind) die Parallelen keinesfalls immer überzeugend sind und zudem erhebliche Streubreiten auftreten (vgl. hinsichtlich der Rekonstruktionen nochmals Abb. 18). Dies hängt teilweise damit zusammen, dass neben den externen Einflüssen auch interne Mechanismen im Klimasystem (vgl. Kap. 5) wirksam sind, so dass auch atmosphärische und vor allem ozeanische Zirkulationsvorgänge in Betracht kommen, die zum Teil „selbstorganisiert" ablaufen. Insgesamt ist im Gegensatz zu den Eiszeitaltern und dem Kalt-/Warmzeit-Zyklus innerhalb des letzten Eiszeitalters die Ursache-Wirkung-Situation im Holozän weniger klar, obwohl es sich dabei aus geologischer Sicht um eine vergleichsweise sehr junge Epoche der Erd- und Klimageschichte handelt.

Was die Klimarekonstruktionen im Detail betrifft, so sind historische Klimainformationen hinsichtlich der *Römerzeit-Warmphase* noch spärlich. Nordafrika scheint aber auch damals wesentlich niederschlagsreicher gewesen zu sein als heute, was den Getreideanbau dort begünstigt hat. Aufgrund des hohen Temperaturniveaus war der Weinanbau sehr verbreitet, in Deutschland sowieso, aber auch u.a. in Südengland[64,65] und Südskandinavien. Bei der Germanischen Völkerwanderung (375–586 n.C.) fällt auf, dass sie von Nordosten nach Südwesten gerichtet war. Das kann damit zusammenhängen, dass die damalige Abkühlung, die *Völkerwanderungs-Kaltphase*, in Nord- bzw. Nordosteuropa die landwirtschaftlichen Möglichkeiten eingeschränkt hat, somit die Ernährung der dortigen

Tabelle 5. Auswahl historischer Vulkanausbrüche[115] mit Stärkeindex VEI (Volcanic Explosivity Index, zugeordnet von der US Smithsonian Institution)[122].

Jahr	Vulkan	Region	VEI	Jahr	Vulkan	Region	VEI
1640 v.C.	Santorin	Griechenland	7	1707	Fuji	Honshu, Japan	5
79	Vesuv	Italien	5	*1721*	Katla	Island	5
181	Taupo	Neuseeland	7	1756	Katla	Island	5
1452	Kuwae	Vanuatu, China	6	1764	Michoacan (Jorullo)	Mexiko	5
1563	Agua de Pau	Azoren, Portugal	5	1795	Mt. Westphal	Aleuten, USA	5
1586	Kelut	Java, Indonesien	5	1815	Tambora	Sumbawa, Indonesien	7
1593	Raung	Java, Indonesien	5	1822	Galunggung	Java, Indoneien	5
1600	Huaynaputina	Peru	6	1883	Krakatau	Indonesien*	6
1625	Katla	Island	5	1902	Santa Maria	Guatemala	6
1630	Furnas	Azoren, Portugal	5	1912	Katmai	Alaska, USA	6
1631	Vesuv	Italien	5	1963	Gunung Agung	Bali, Indonesien	4
1640	Komagatake	Hokkaido, Japan	5	1980	St. Helens	USA	5
1641	Mt. Parker	Mindanao, Philippinen	5	1982	El Chichón	Mexiko	5
1661	Usu	Hokkaido, Japan	5	1991	Pinatubo	Philippinen	5
1667	Tarumae	Hokkaido, Japan	5	2000	Ulawun	Papua-Neuguinea	4
1673	Gamkonora	Halmahera, Indonesien	5	2008	Kasatochi und Mt. Okmok	Aleuten, USA	4
1680	Tongkoko	Sulawesi, Indonesien	5	2011	Puyehue	Chile (Anden)	5

* Sundastraße zwischen Sumatra und Java

Völker unzureichend wurde und sie sich deswegen in vermeintlich günstigere Regionen südwestwärts aufgemacht haben. Ganz sicher ist aber diese Völkerwanderung nicht allein klimabedingt gewesen, sondern hing auch mit dem Vordringen der asiatischen Reitervölker, z.B. der Hunnen, zusammen. Historiker sehen zum Teil sogar gar keinen Zusammenhang mit dem Klimawandel, während es von klimatologischer Seite mehrere Bücher zu diesen und anderen historischen Auswirkungen des Klimawandels gibt[4,40,65,66,140]. Im Vergleich mit den im Folgenden zu besprechenden Klimaphasen und sogar der vorangegangenen Holozän-Warmphase ist die zeitliche Einordnung der Völkerwanderung-Kaltphase ziemlich problematisch und somit unsicher. Sicherlich hat es dabei auch regionale klimatische Unterschiede gegeben.

Die *Mittelalterliche Warmphase* (früher Mittelalterliches Klimaoptimum genannt) ist Gegenstand vieler ausführlicher klimawissenschaftlicher Betrachtungen und Analysen[4,40,64]. Trotzdem soll hier nur ein Überblick der wichtigsten Aspekte gegeben werden. Im nordhemisphärischen Mittel war diese Zeit ungefähr ähnlich warm wie heute (Vergleichszeit nach wie vor 1961–1990), allerdings mit regionalen Unterschieden. In Deutschland und insbesondere Südengland könnte es gegenüber heute ungefähr 0,5–1 °C wärmer gewesen sein. Was Südengland betrifft, so sind dort die damaligen Weinanbauterrassen noch heute in der Landschaft erkennbar[64,65]. Es kann gut sein, dass das Klima dieser Warmphase im Mittelmeerraum weniger günstig, vermutlich insbesondere sehr trocken geworden war; denn es fällt auf, dass sich damals die kulturellen Schwerpunkte von dort (u.a. Ägyptisches, Griechisches und zuletzt Römisches Reich) nach Mittel- und Nordwesteuropa verlagert haben.

Besonders auffällig und alles andere als optimal aber ist die Häufung katastrophaler Sturmfluten, die für die Küsten von Holland, Deutschland und England historisch in teils drastischer Art und Weise überliefert sind[40,66]. Diese Sturmfluten waren so heftig, dass damals erst die friesischen Inseln vom Festland abgetrennt worden sind[66,94]. Als Beispiel sei der Untergang der Stadt Rungholt erwähnt, die im Bereich des heutigen Nordsee-Wattenmeers in der Nähe der Inseln Föhr und Amrum lag. Noch weitaus schlimmer waren beispielsweise die Sturmfluten 1099 in Holland und England[66] mit angeblich ca. 100.000 Toten und 1212 wiederum in Holland mit angeblich sogar 300.000 Toten, und das bei der damaligen relativ geringen Bevölkerungsdichte. Weiterhin wird berichtet, dass bei weiteren derartigen extremen Sturmfluten 1218 der Jadebusen und 1287 die Zuyder-See (beides Holland) entstanden sind. Bis 1362 war wohl die Abtrennung der friesischen Inseln vom Festland weitgehend abgeschlossen. Insgesamt haben sich diese Sturmfluten auf das 11. und 13. Jahrhundert konzentriert, also das Zentrum und das Endstadium der Mittelalterlichen Warmphase. Teilweise waren sie auch noch beim Übergang in die nachfolgende sog. „Kleine Eiszeit“ heftig, bevor sie deutlich abflauten. Solche Stürme, Sturmfluten und auch Unwetter wie Starkniederschläge sind übrigens typisch für ein warmes Klima, weil sich dann relativ viel Wasserdampf in der Atmosphäre befindet, der bei der Kondensation zu Wasser, also der Wolkenbildung, viel (latente) Energie freisetzt, die von der Atmosphäre leider immer wieder zur Generierung von Stürmen „genutzt“ wird (näheres in Kap. 13). Ob das damals auch hinsichtlich der tropischen Wirbelstürme der Fall war, ist historisch nicht überliefert, aber möglich. Da jede Klimaphase, ob relativ warm oder relativ kalt, ihre Vor- und Nachteile hat und abgewogen werden muss, was jeweils überwiegt, darf hinsichtlich der Mittelalterlichen Warmphase durchaus als Vorteil gewertet werden, dass damals die Wikinger auf dem nördlichen Seeweg um das Jahr 1000 Nordamerika erreicht haben, also lange vor Kolumbus, und ab 874 n.C. mehr und mehr Grönland besiedelten. Auch der Name stammt von ihnen, wobei ja Grönland „grünes Land“ bedeutet[22] und auf ein mildes Klima in jener Zeit hindeutet. Man darf sich das aber keinesfalls so vorstellen, dass Grönland damals völlig eisfrei war. Die Besiedlung und das „grün“ beziehen sich nur auf den Küstensaum.

Ab ungefähr 1300 n.C. begann der Übergang in eine ausgeprägte Kaltphase, die ziemlich übertrieben „Kleine Eiszeit“ (Little Ice Age, LIA) genannt wird[40,54,64]. Ausgehend von der Mittelalterlichen Warmphase wird einerseits die Übergangsphase 1300–1500 n.C. „Klimawende“ genannt[64], andererseits hat sie, zumindest regional, bereits um 1350 n.C. ihren ersten Tiefpunkt erreicht. Das deuten u.a. die Alpengletscher an. So ist für Europa die Variation der Zungenlänge des Aletschgletschers[35,46] ein guter Indikator. Sie zeigt nach Höhepunkten in der Mittelalterlichen Warmphase um ca. 1000 und 1250 Tiefpunkte der „Kleinen Eiszeit“ um ca. 1350, 1620 und 1850 an. Möglicherweise war die Zeit um 1850 in den Alpen die kälteste Phase der „Kleinen Eiszeit“; zumindest haben die meisten Alpengletscher damals ihre letzte Maximalausdehnung erreicht. Leider gibt es aus außereuropäischen Regionen weitaus weniger Indizien, am ehesten noch aus Südostasien, insbesondere aus Japan. Auch dort war es damals offenbar relativ kalt. Im nordhemisphärischen Mittel reproduzieren die bereits erwähnten Klimamodellrechnungen[54] vor allem um 1250–1300 (also sehr früh), 1450–1500, weni-

Tabelle 6. Vergleich einiger klimahistorischer Epochen mit ungefährer Eintrittszeit des jeweiligen Minimums bzw. Maximums (J = Jahre) und geschätztem mittlerem Temperaturniveau gegenüber dem Vergleichsintervall 1961–1990[54,115].

Epoche	Zeit	Mitteltemperatur, Nordhemisphäre	Mitteltemperatur, Deutschland
„Kleine Eiszeit“	1300–1900	–0,5 °C	–1 °C
Mittelalterliche Warmphase	950–1250	0	+0,5 °C
Holozän-Warmphase	vor 6000 J.	+1 °C	+1,5 °C
Würm-Kaltzeit	vor 18000 J.	–4 bis –5 °C	–12 bis –14 °C
Eem-Warmzeit	vor 125000 J.	+1,5 °C	+2 bis +3 °C
mittleres Tertiär	vor 30 Mill. J.	+4 °C	+6 bis +8 °C
Kreide-Zeit	vor 100 Mill.J.	+9 °C	?

ger intensiv ca. 1600–1700 und zuletzt sehr ausgeprägt noch einmal 1800–1850 besonders kalte Epochen innerhalb der „Kleinen Eiszeit". Zu Vergleichszwecken sind in Tab. 6 für verschiedene Klimazustände die Temperaturanomalien (Abweichungen gegenüber dem Referenzniveau von 1961–1990) für die Nordhemisphäre und Deutschland angegeben. Danach war es damals, in der „Kleinen Eiszeit", im Mittel ca. 0,5 bzw. 1 °C kälter als heute, gegenüber 4–5 °C (Nordhemisphäre) bzw. sogar 12–14 °C (Deutschland) in der sozusagen letzten „echten" Kaltzeit (Würm-Kaltzeit).

Was die Bewertung der Folgen des Klimawandels betrifft, so hat sowohl eine drastische Erwärmung als auch eine drastische Abkühlung negative Auswirkungen (neben mehr oder weniger, meist weniger positiven). Aus dieser Sicht wäre Klimastabilität eigentlich am günstigsten; aber die hat es klimageschichtlich höchst selten gegeben. Der Übergang zur Kaltphase der „Kleinen Eiszeit" hatte vor allem in Nordwest- und Mitteleuropa (über andere Regionen ist weniger bzw. nichts bekannt) negative landwirtschaftliche Auswirkungen. Es kam verbreitet zu Missernten und in Verbindung mit der Pest zu vielen Todesfällen. Allein zwischen 1300 und 1327 n.C. hat die Bevölkerung Englands um ein Drittel abgenommen[65], und zwar überwiegend klimabedingt. Aus Deutschland werden schlechtere Weinqualitäten[40,102] berichtet und aus Europa insgesamt eine Verlagerung der Weinanbaugebiete um ungefähr 500 km nach Süden. Auch soziale Unruhen werden in Zusammenhang mit der „Kleinen Eiszeit" gesehen, wobei – wie immer – nicht nur das Klima sondern auch sozial-politische Missstände beteiligt waren, so auch an den Bauernkriegen in Deutschland (1524–1526). Ob auch die Französische Revolution (1789–1792) hier einzuordnen ist, erscheint etwas weit hergeholt, obwohl auch in diesem Fall die Bevölkerung unter Hunger litt und das Klima dabei sicherlich nicht ganz unbeteiligt war. Weniger dramatische, aber durchaus weitere Indizien für die „Kleine Eiszeit" sind Entwicklungen in der Kunst, insbesondere die Häufung von Wintergemälden (vor allem in Holland) und Winterliedern in der Volks- und Kunstmusik. Klimahistorisch steht dies im Kontext mit häufigen Küstenvereisungen, übrigens nicht nur in Holland und Deutschland, sondern beispielsweise auch in Island[64]. Schließlich sind in diesem Zusammenhang die Entdeckungsreisen einiger berühmter Seefahrer zu nennen, die bei der Suche nach einem Seeweg nach Indien u.a. zur Wiederentdeckung Amerikas (1492) geführt haben und die später darauf folgenden Auswandererwellen dorthin, in der Hoffnung, dort bessere landwirtschaftliche Möglichkeiten vorzufinden als in Europa.

Die „Kleine Eiszeit" ist – regional etwas unterschiedlich aber im Wesentlichen global – ab ungefähr 1850, spätestens um ca. 1900 n.C. zu Ende gegangen. Dies ist bereits aus Abb. 18 ersichtlich. Damit beginnt die Zeit, aus der direkte Messungen vorliegen, also die Zeit, die als Neoklima bezeichnet wird. Darum geht es im nun folgenden Kapitel (Kap. 10).

10 Neoklima (letzte ca. 200–250 Jahre)

Regional gibt es direkte Messungen der bodennahen Lufttemperatur im zentralen England bereits seit 1659[77] (vgl. Kap. 4), in Deutschland seit 1761[99], in befriedigender globaler Abdeckung aber erst seit 1850[18,57]. Diese Zeit wird als Neoklima bezeichnet, alternativ auch als modernes Klima oder, insbesondere im angelsächsischen Sprachbereich, als instrumentelle Epoche (Instrumental Period), obwohl auch die Paläoklimatologen mit Messinstrumenten arbeiten. Sie messen die Temperatur und andere Klimaelemente allerdings nicht direkt, sondern müssen indirekt darauf schließen (vgl. Kap. 4 und 8). Wie auch immer, mit dem Neoklima beginnt eine Zeit, die uns erlaubt, den Klimawandel besonders umfassend, exakt, genau und verlässlich zu beschreiben. Zufällig, man kann auch sagen glücklicherweise, ist gerade dies die Zeit, in der die globale, genauer gesagt im globalen Mittel feststellbare Erwärmung einsetzt („Global Warming"). Von den anderen Klimaelementen soll uns nur noch der Niederschlag interessieren, der seit ungefähr 1900 in hinreichend guter globaler Abdeckung erfasst ist.

Die „globale Erwärmung" war bereits in der Abb. 18 (Kap. 9) gut erkennbar, insbesondere auch im Gegensatz zu den Schwankungen davor, die offenbar wesentlich weniger ausgeprägt waren und vor allem weniger rasch abgelaufen sind. Vielleicht gilt das sogar für das ganze Holozän mit Ausnahme des Übergangs von der Jüngeren Dryaszeit ins Holozän (vgl. wiederum Kap. 9). Die in den Medien beliebte Ausdrucksweise „Klimaerwärmung" ist sprachlicher Unsinn, da man ei-

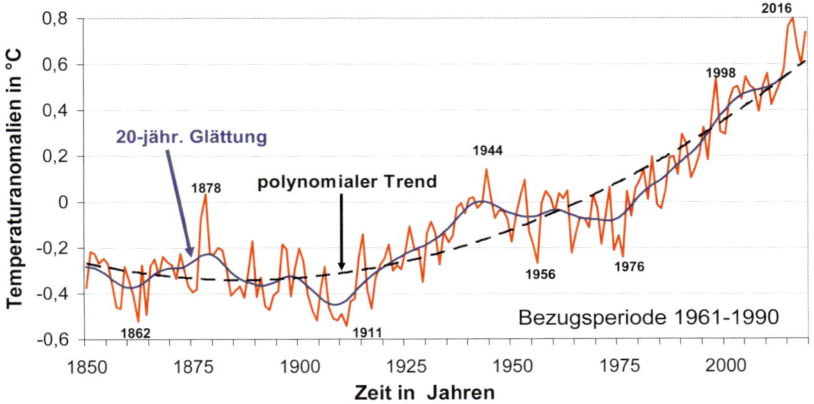

Abb. 20. Jahresanomalien der global gemittelten (Landgebiete und Ozeane) bodennahen Lufttemperatur 1850–2019 mit 20-jähriger Glättung (blau) und polynomialem Trend (schwarz gestrichelt); Datenquelle CRU[18], bearbeitet.

nen abstrakten Begriff wie „Klima“ nicht erwärmen kann, sondern nur Materie wie die atmosphärische Luft. (Noch größerer Unsinn ist die „Temperaturerwärmung“.) Wie sieht nun aber diese „globale Erwärmung“ im Detail aus? Darüber gibt Abb. 20 Auskunft. Datenquelle ist die „Climatic Research Unit“ (CRU)[18] der Universität von East Anglia in Norwich, England. Die dortigen Klimatologen stellen seit langem u.a. globale Gitterpunktdatensätze der bodennahen Lufttemperatur zur Verfügung und aktualisieren sie ständig, einschließlich Korrekturen früherer Daten. Im globalen Mittel erkennen wir (Abb. 20) nicht nur den auch in der Öffentlichkeit häufig zitierten Erwärmungstrend von rund 1 °C, sondern auch überlagerte Jahr-zu-Jahr-Variationen (annuäre Variabilität) und mit statistischen Mitteln in unterschiedlicher Weise in Erscheinung tretende mehrjährige Schwankungen (dekadische Variabilität). Diese Variationsstruktur ist typisch für klimatologische Zeitreihen.

Genau genommen hat nach diesem Datensatz die „globale Erwärmung“ erst 1912 begonnen, nach dem absoluten Minimum von 1911. Doch war ein fast genauso tiefes relatives Minimum bereits 1862 eingetreten. Der Erwärmungstrend selbst ist offenbar nicht-linear, somit in Abb. 20 nicht als Gerade dargestellt, sondern als Kurve. Nur am Rande sei erwähnt, dass diese Kurve auf der mathematischen Gleichung eines Polynoms beruht und daher als polynomialer Trend bezeichnet wird[116]. Erst dadurch wird erkennbar, dass wir es ab 1850 zunächst mit einer leichten Abkühlung zu tun hatten, ab ca. 1900 dann mit einer Erwärmung, die sich im Weiteren ständig intensiviert hat. In Orientierung an die Jahreswerte ist das bisherige absolute Maximum im Jahr 2016 eingetreten, frühere relative Maxima in den Jahren 1944 und 1998. Die angegebenen Datenwerte sind übrigens sog. Anomalien, d.h. Abweichungen vom Mittelwert eines definierten Zeitintervalls, das nach internationalen Empfehlungen noch 1961–1990 ist (vgl. sog. Klimanormalwerte, Kap. 3). Interessanterweise sind diese Anomalien genauer als der Mittelwert selbst, weil sich einige mögliche systematische Fehler – z.B. systematisch zu hohe Messwerte in den Städten wegen der sog. städtischen Wärmeinsel, also der Tatsache, dass Städte wärmer als ihre Umgebung sind – in den Anomalien egalisieren. Man macht also diesbezüglich immer den gleichen Fehler, der nur im Mittelwert vorhanden ist, nicht aber in den Anomalien, den Abweichungen davon.

Lange Zeit ist in den Lehrbüchern der Klimatologie ein Wert von 15 °C als globaler Mittelwert der bodennahen Lufttemperatur (bodennah heißt, in 2 m Höhe über der Erdoberfläche) angegeben worden, ohne Berücksichtigung des heute klar erkennbaren Erwärmungstrends. In den letzten Jahrzehnten haben die dank der Satellitentechnik möglichen flächenbezogenen Abschätzungen genauere Werte geliefert. Daher haben die Klimatologen an der Climatic Reseach Unit (CRU, vgl. oben)[57] für 1961–1990 einen Mittelwert von 14,0 °C angegeben (Nordhemisphäre 14,6 °C, Südhemisphäre 13,4 °C). In Orientierung an Abb. 20, wo dieser Mittelwert wegen der Anomalie-Darstellung gleich „0“ gesetzt ist, haben wir jüngst, d.h. 2016–2019, einen Mittelwert von 14,7 °C erreicht, was gerundet doch wieder 15°C ergibt. Für die Zeit ab 1880 gibt es alternative Temperatur-Datensätze, die vom Goddard Institute for Space Studies (GISS, NASA, USA) und der National Oceanic and Atmospheric Administration (NOAA, USA) stammen. (NASA bedeutet National Aeronautic and Space Agency). Obwohl dabei unterschiedlich viele Messstationen benutzt worden sind (bei CRU sind es neuerdings 5583) und auch etwas unterschiedliche Algorithmen zur Berechnung der Flächenmittelwerte eingesetzt werden, zeigen diese Daten nur sehr geringe Unterschiede. (Mathematisch-statistisch liegen für 1880–2019 die Korrelationskoeffizienten bei 0,98–0,99.) Trotzdem treten in den Trendwerten, die in Tab. 7 zusammengestellt sind, Unterschiede auf. Danach muss die Trendangabe für 1880–2019 auf die Unsicherheitsspanne von ca. 0,9–1,1 °C relativiert werden.

Natürlich stellt sich schon hier die Frage nach der Ursache. Da sie aber nicht in wenigen Worten zu beantworten, sondern ausführlich die Rolle des Klimafaktors Mensch in Konkurrenz mit natürlichen Vorgängen zu diskutieren ist, soll dies in einem eigenen Kapitel (Kap. 11) geschehen. Es müssen dabei nicht nur die Ursachen des Langfristtrends („Global Warming“), sondern auch der überlagerten Fluktuationen identifiziert werden. Hinsichtlich der oben genannten dekadischen Variabilität haben diese überlagerten Fluktuationen immer wieder zu Unterbrechungen des Langfristtrends geführt. Wenn dies eintritt, spricht man von einem Hiatus. Das ist in Abb. 20 für die Zeitspanne 1945–1976 (leichte Abkühlungsphase) und 1999–2014 (sog. Erwärmungspause) erkennbar. Auch dafür müssen die Ursachen gefunden werden, und das ist tatsächlich auch der Fall (siehe Kap. 11). Hier muss zunächst noch darauf hingewiesen werden, dass die Temperaturtrends regional sehr unterschiedlich sind. Dies ist in der Temperatur-Trendkarte 1880–2019 (nach GISS[39]), siehe Abb. 21, deutlich erkennbar. Offenbar konzentrieren sich die stärksten Erwärmungstrends auf die Landgebiete mit einem Maximum im nördlichen Grönland

Tabelle 7. Beobachtete global (Landgebiete und Ozeane) gemittelte Temperaturtrends nach den Datenquellen CRU[18] (Climatic Research Unit, Universität Norwich, England), GISS[39] (Goddard Institute for Space Studies, NASA, USA) und NOAA[85] (National Oceanic and Atmospheric Administration, USA).

Zeitspanne	CRU	GISS	NOAA
1880–2012*	+0,83 °C	+0,87 °C	+0,85 °C
1880–2019	+0,96 °C	+1,04 °C	+1,04 °C
1998–2019	+0,32 °C	+0,48 °C	+0,42 °C

* Nach IPCC[54] (2014): + 0,85 °C ± 0,2 °C (Mittel und Unsicherheit)

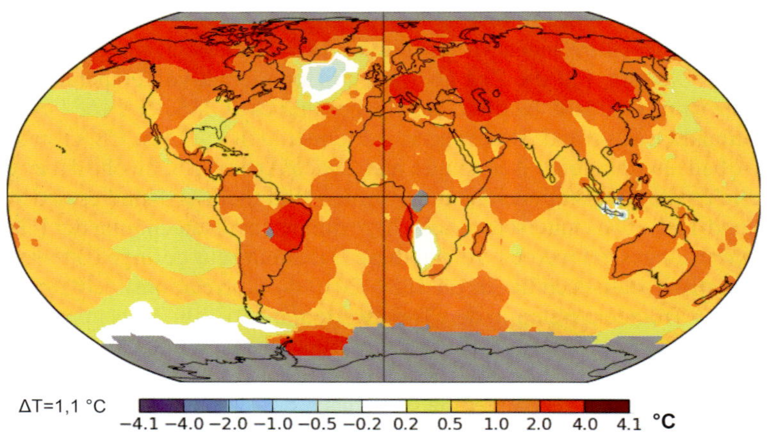

Abb. 21. Globalkarte der Trends 1880–2019 der bodennahen Lufttemperatur, erzeugt vom GISS[39]-Rechner aufgrund der dortigen Datenbasis.

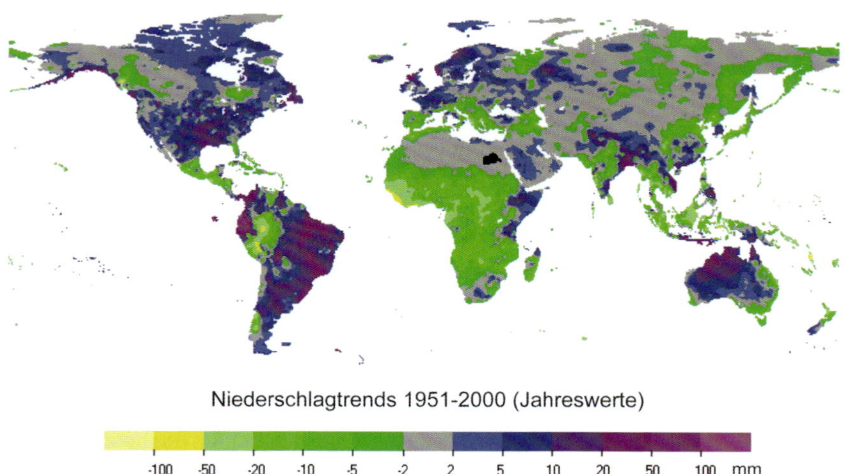

Abb. 22. Globalkarte der Niederschlagtrends 1950–2000 nach Beck et al.[3].

und nordöstlichen Kanada, wo sie bei über 4 °C liegen. Andererseits sind diese Trends so unterschiedlich, dass es regional sogar Abkühlungen gegeben hat (was die Aussage der „globalen Erwärmung“ relativiert), insbesondere im Bereich des Nordatlantiks südlich von Grönland. Auch dafür sind die Ursachen bekannt (siehe

Tabelle 8. Beobachtete Temperatur- und Niederschlagstrends in Deutschland (nach Daten des Deutschen Wetterdienstes, DWD).

	Frühling	Sommer	Herbst	Winter	Jahr
Temperatur					
1881–2019	+1,9 °C	+1,9 °C	+1,8 °C	+1,8 °C	+1,9 °C
1901–2000	+0,8 °C	+1,0 °C	+1,1 °C	+0,8 °C	+1,0 °C
1961–1990	+0,8 °C	+0,4 °C	0 °C	+1,7 °C	+0,7 °C
1990–2019	+0,5 °C	+1,3 °C	+1,8 °C	+0,3 °C	+1,0 °C
Niederschlag					
1901–2000	+13 %	–3 %	+9 %	+19 %	+9 %
1961–1990	–9 %	–8 %	+10 %	+20 %	+3 %
1990–2019	–8 %	–5 %	–23 %	–8 %	–11 %

Kap. 11), auch wenn die Klimamodelle großräumig gemittelte Trends deutlich besser ursächlich simulieren können als die regionalen Unterschiede.

Dies gilt in noch weitaus höherem Maß für den Niederschlag. In Abb. 22 ist, wieder auf der Grundlage von Beobachtungen, eine Niederschlagstrendkarte für die Zeitspanne 1951–2000[3] zu sehen. Zwar reichen globale Niederschlagsdaten bis ca. 1900 zurück, mit guter Datenzuverlässigkeit jedoch nur bis ca. 1950. Offenbar gleichen sich beim Niederschlag, ganz im Gegensatz zur Temperatur, die steigenden und fallenden Trends ungefähr aus, so dass es nicht sinnvoll ist, einen „Weltniederschlagstrend“ anzugeben. Zieht man die alternativen Niederschlagsabschätzungen anderer Forschungszentren hinzu[53,54], so ist bis ca. 1950/1960 ein Anstieg, danach bis ca. 1990/2000 ein Rückgang und jüngst wieder ein Anstieg zu erkennen, somit wiederum kein systematischer Trend, obwohl im Zusammenhang mit der globalen Erwärmung eine Intensivierung des Wasserkreislaufs diskutiert wird, die eine systematische Zunahme des Niederschlags mit sich bringen könnte. Da sich die bei diesen Untersuchungen erfassten Niederschlagsdaten alle auf das Land beziehen und man nicht weiß, wie sich dabei der viel größere Ozean verhalten hat, muss diese Frage offen bleiben. Die durchaus komplizierten regionalen Niederschlag-Trendstrukturen zeigen u.a. ausgeprägte Zunahmen in großen Teilen Amerikas, besonders im Westen, Nord- und Nordwesteuropas und Australiens, dort vor allem im Norden, und Abnahmen im größten Teil von Afrika, Teilen Asiens, insbesondere ganz im Osten, und Indonesien.

Wenn sich in den Jahreswerten keine deutlichen Trends zeigen, muss das nicht heißen, dass sie nicht existieren. Sie könnten in Sommer und Winter gegensätzlich verlaufen. Daher soll zum Schluss dieses Kapitels ein genauerer jahreszeitlicher Blick auf Deutschland geworfen werden, und zwar hinsichtlich Temperatur und Niederschlag. Dazu liegen Temperaturdaten bereits ab 1761 vor[99]. Die

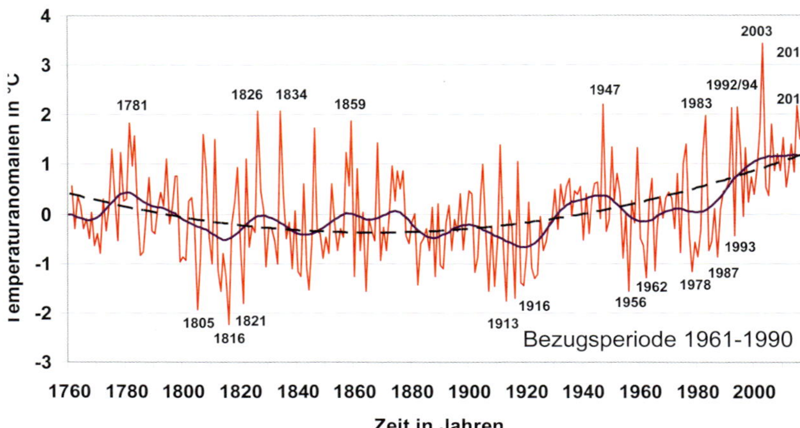

Abb. 23. Anomalien der Sommertemperaturen (Juni-August) 1761–2019 in Deutschland (gemittelt) mit 30-jähriger Glättung (lila) und polynomialem Trend (schwarz gestrichelt); Datenquelle DWD[25], bearbeitet.

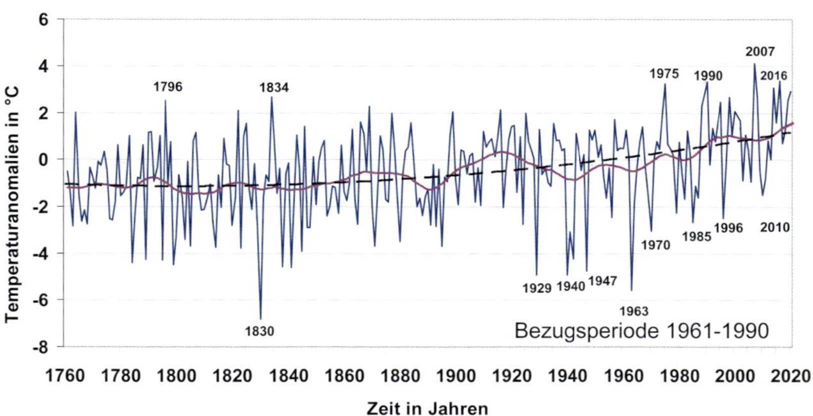

Abb. 24. Anomalien der Wintertemperaturen (Dezember des Vorjahres, Januar und Februar) 1761–2020 in Deutschland (gemittelt); Glättung, Trend und Datenquelle wie Abb. 23, bearbeitet.

entsprechenden Zeitreihen[115] sind für Sommer und Winter in Abb. 23 und 24 zusammengestellt. Zunächst fällt auf, dass die Jahr-zu-Jahr-Variationen, in diesem Fall sommerlich bzw. winterlich, viel größer sind als die entsprechenden

Variationen der global gemittelten Temperatur. Das ist kein Wunder, da sich bei räumlicher Mittelung diese Variationen in ihrer Amplitude verringern, also sozusagen „gedämpft" werden. Umgekehrt treten sie regional wesentlich deutlicher in Erscheinung als im globalen Mittel. Das führt auch dazu, dass die Langfristtrends weniger ausgeprägt erscheinen. Das aber ist eine Täuschung. Wie der Vergleich der Tabellen Tab. 7 und 8 zeigt, ist 1901–2000, also 100-jährig, die jährliche Erwärmung in Deutschland sogar etwas größer gewesen als im globalen Mittel, 1881–2019 sogar wesentlich, zudem jahreszeitlich weitgehend ausgeglichen.

Dies ändert sich bei kürzeren Zeitintervallen, weil dann wieder die dekadische Variabilität an Bedeutung gewinnt. So ist in der Zeit 1961–1990 vor allem die winterliche Erwärmung ausgeprägt gewesen, im Gegensatz zum jüngeren 30-Jahre-Intervall 1990–2019, in dem dies im Herbst und Sommer der Fall war. Beim Niederschlag zeigt sich 100-jährig (1901–2000) im Sommer ein leichter Rückgang gegenüber Anstiegen in den anderen Jahreszeiten, insbesondere im Winter. 1961–1990 hat sich die sommerliche Niederschlagsabnahme intensiviert und auch auf den Frühling übergegriffen. Im Vergleich damit ist 1990-2019 auch im Winter und insbesondere Herbst eine Niederschlagsabnahme eingetreten. Dies könnte im Winter damit zusammenhängen, dass es wieder weniger milde Witterungsabschnitte, sondern mehr kalte Episoden gegeben hat, wie es die relativ geringe Erwärmung in diesem jüngeren Zeitabschnitt anzeigt. In Mitteleuropa aber sind milde Winter eher niederschlagsreich und kalte eher niederschlagsarm (vgl. Kap. 6, Nordatlantik-Oszillation). Werden letztere häufiger, ist ein vorübergehender Niederschlagsrückgang plausibel. Im Sommer könnten häufigere und intensivere Starkniederschläge zwar zu einem insgesamt zunehmenden Niederschlagstrend führen. Allerdings handelt es sich dabei im Gegensatz zum Winter eher um kleinräumige Extremereignisse. Und so zeigt sich in Tab. 8, dass 1990-2019 in allen Jahreszeiten der Niederschlag abgenommen hat, am wenigsten allerdings im Sommer und am stärksten im Herbst.

Schließlich kann Abb. 23 entnommen werden, wann in Deutschland – relativ gesehen – Hitze- bzw. eher kühlere Sommer (Juni-August) aufgetreten sind. Sommerlich heiß war es u.a. 1826, 1834, 1857, 1983, 1992, 1994, 2003, 2015, 2018 und 2019, kühl dagegen 1805, 1816, 1821, 1913, 1916 und 1956. Dabei ist 2003 der bisher extremste Hitzesommer der gesamten Beobachtungsperiode (seit 1761) gewesen, was uns in Kap. 12 bei der Thematik Extremereignisse noch beschäftigen muss. Jüngst waren die Sommer 2018 und 2019 fast gleichauf ähnlich heiß (nach dem Rekordsommer 2003 stehen sie auf Rangplatz zwei; siehe Abb. 23) und zudem extrem trocken. Der seit 1761 kälteste Sommer fällt in das berühmte „Jahr ohne Sommer" 1816, ein Jahr nach dem Tambora-Vulkanausbruch; vgl. Tab. 5 (Kap. 9). Analog dazu seien auch einige besonders strenge bzw. milde Winter aufgelistet, nämlich (vgl. Abb. 24): 1830, 1929, 1940, 1947 und 1963 bzw. 1796, 1834, 1975, 1990, 2007, 2014 und 2016. Dabei bezieht sich die Winter-Jahresangabe jeweils auf den Januar, schließt aber den Dezember des Vorjahres und den Februar des laufenden Jahres mit ein. Der letzte extreme Kältewinter 1962/1963 ist auch deswegen berühmt, weil damals zum bisher letzten Mal der Bodensee zufror. Diese sog. Gefrörnis ist auch ein kulturelles Ereignis, weil immer dann eine Marienfigur in einer Prozession vom Schweizer zum deutschen Ufer bzw. umgekehrt getragen wird. Seit 1963 ist diese Marienfigur in der Schweiz und wird aufgrund der auch in Zukunft zu erwartenden weiteren Erwärmung wohl noch lange dort bleiben.

11 Ursachendiskussion (Neoklima) und Zukunftsperspektiven

Nachdem wir uns einen Überblick über den Klimawandel des Neoklimas verschafft haben, insbesondere in globaler Sicht, stellt sich die Frage nach dessen Ursache. Dabei spielen nach wie vor *natürliche Vorgänge* eine Rolle, im globalen Neoklima vor allem:

- der explosive Vulkanismus,
- die Sonnenaktivität
- und interne Wechselwirkungen im Klimasystem wie der ENSO-Mechanismus (El Niño / Südliche Oszillation); vgl. dazu Kap. 6.

Besondere Brisanz aber erhält diese Klimaepoche dadurch, dass der Klimafaktor Mensch mehr und mehr die Bühne des Geschehens betreten hat, wir es also auch mit *anthropogenem Klimawandel* zu tun haben.

Solche anthropogenen Einflüsse auf das Klima gibt es zwar schon seit Jahrtausenden, nämlich seit der Neolithischen Revolution (ungefähr seit 7.000 Jahren, beginnend in Mesopotamien), als die natürliche Erdoberfläche allmählich in Acker- und Weideland umgewandelt wurde. Dadurch veränderten sich die Strahlungseigenschaften der Erdoberfläche sowie die Massen- und Energieflüsse zwischen Erdoberfläche und Atmosphäre. Besonders wirksam waren dabei die Waldrodungen, seit ungefähr 4.000 Jahren zunächst im Mittelmeerraum, in den letzten rund 1.000 Jahren auch in Europa und schließlich in den letzten Jahrhunderten in Nordamerika. So hat die Waldbedeckung des heutigen Deutschland zwischen 650 und 1315 n.C. von 90 % auf 15 % abgenommen[9], danach allerdings wieder etwas zugenommen. Heute liegt sie bei rund 30 %. Doch in jüngster Zeit stellt uns, und das nicht nur aus klimatischen Gründen, die Rodung tropischer Regenwälder vor neue große Probleme[29]. Was nun aber die anthropogene Klimabeeinflussung im *Industriezeitalter* von der früheren unterscheidet, ist das quantitative und globale Ausmaß, das bisher nie dagewesene Dimensionen erreicht hat. Es steht im Zusammenhang mit der industriellen Revolution, die nach der Erfindung der Dampfmaschine (durch James Watt, 1769) seit ungefähr 1800/1850 enorm um sich gegriffen hat. Dies spiegelt sich u.a. in der gewaltigen Zunahme der Energienutzung wider; und wir werden sehen, dass die „globale Erwärmung“ (vgl. Kap. 10) in engem Zusammenhang damit steht. Manche Wissenschaftler meinen, dass in diesem Industriezeitalter, weitgehend deckungsgleich mit dem Neoklima, wegen der enormen anthropogenen Beeinflussung von einem neuen Erdzeitalter gesprochen werden muss, das Holozän (vgl. Kap. 9) in das *Anthropozän* übergegangen ist (allen voran der niederländisch-deutsche Chemiker und Klimatologe Paul Crutzen, geb. 1933)[19,124]. Als Zeitpunkt dieses Überganges wird meist das

Jahr 1800 genannt. Das IPCC (2014)[54] legt sich dabei (Beginn des Industriezeitalters) auf einen relativ frühen Zeitpunkt, nämlich 1750 fest.

Bei näherer Betrachtung stellt sich die anthropogene Klimabeeinflussung als wesentlich vielfältiger heraus, als viele meinen. Die wichtigsten Einflussbereiche sind[21,29,30,53,54,67,68,98,115,138]:

- Emission von klimawirksamen Spurengasen: CO_2, CH_4, N_2O, FCKW, usw. (vgl. Tab. 9 sowie Kap. 2 und 6) aufgrund der Nutzung fossiler Energieträger (Kohle, Öl, Gas, einschließlich Verkehr), Waldrodungen sowie durch industrielle und landwirtschaftliche Tätigkeit. Dadurch kommt zum natürlichen Treibhauseffekt (vgl. Kap. 6) ein zusätzlicher anthropogener (näheres später) hinzu;
- Emission von Partikeln (Aerosolen), direkt oder indirekt, mit komplizierten direkten und indirekten Klimaeffekten, von denen die Abkühlung der unteren Atmosphäre (Troposphäre) am wichtigsten ist;
- Kondensstreifenbildung durch den Flugverkehr (neben der Emission von Gasen und Partikeln), die einen weiteren Beitrag zum anthropogenen Zusatz-Treibhauseffekt liefert;
- Veränderungen der Erdoberfläche durch Waldrodung, Landwirtschaft und Bebauung, die unterschiedliche Wirkungen auf das Klima haben; dabei wird vielfach die Erdoberfläche heller (Zunahme der Albedo, z.B. durch Waldrodungen), was Abkühlung zur Folge hat. Dagegen unterbindet die Bodenversiegelung, u.a. in den Städten, den latenten Wärmefluss (Verdunstung usw., vgl. Kap. 6) von der Erdoberfläche in die Atmosphäre, was die Abkühlung verhindert und damit indirekt zur Erwärmung führt.

Die Besonderheiten des Stadtklimas, insbesondere die sog. städtische Wärmeinsel, sind eine gut untersuchte und bekannte Variante anthropogener Klimabeeinflussung. Obwohl dieser Effekt durchaus interessant ist, soll es hier aber nur um globale Effekte gehen.

Und um diese näher zu beleuchten, müssen wir zu einer *vergleichenden Betrachtung der Strahlungsantriebe* kommen, auf denen dann die Klimamodelle aufbauen. Bei den Spurengasen beruhen die durchweg positiven Strahlungsantriebe, die somit zur Erwärmung der unteren Atmosphäre führen, auf dem Anstieg der Konzentrationen der klimawirksamen Spurengase in der Atmosphäre. Wie Abb. 25 zeigt, hat CO_2 (Kohlendioxid) ausgehend von vorindustriellen Werten von ca. 270–280 ppm, die ungefähr für das ganze Holozän galten (nicht aber für die geologischen Epochen davor), im Jahresmittel 2019 im globalen Mittel einen Wert von rund 410 ppm erreicht (vgl. dazu auch Kap. 2, Tab. 2, einschließlich Hinweisen zu den Maßeinheiten), an der tropischen Messstation Mauna Loa (Hawaii) 411, 4 ppm. Der jährliche Anstieg liegt zurzeit bei 2–3 ppm. Dieser Anstieg geht zu etwas mehr als 90 % auf die Nutzung fossiler Energieträger zurück (Kohle, Öl, Gas, einschließlich Verkehr), der Rest vor allem auf Waldrodungen. Da der

Tabelle 9. Charakteristika der wichtigsten klimarelevanten Spurengase („Treibhausgase") mit anthropogenen Emissionen pro Jahr (CO_2 2019[37] einschließlich Waldrodungseffekten, ansonsten ca. 2010 nach IPCC[54], 2014), Konzentrationsanstieg im Industriezeitalter und Beiträge zum natürlichen[61] sowie anthropogenen Zusatztreibhauseffekt (letzterer in Relation der Strahlungsantriebe[54]). Der gesamte natürliche Treibhauseffekt beträgt nach üblicher Schätzung 33 °C, der zusätzliche anthropogene (Industriezeitalter) rund 1 °C; genaue derzeitige Konzentrationen und Maßeinheiten siehe Tab. 2 (O_3 und H_2O räumlich-zeitlich stark variabel).

Spurengas, chem. Formel	**Emission**	**Konzentration**		**Beiträge Treibhauseffekt**	
		2019	**vorindustr.**	**Natürlich**	**anthropogen***
Kohlendioxid, CO_2	42 Gt	410 ppm	280 ppm	26 %	57,7 %
Methan, CH_4	300–370 Mt	1,87 ppm	0,72 ppm	2 %	22,0 %
FCKW (mehrere Gase)	inzwischen sehr gering	F12: 0,50 ppb	0 ppb	–	6,2 %
Distickstoffoxid, N_2O	3–12 Mt	0,33 ppm	0,27 ppm	4 %	5,8 %
Ozon, O_3	indirekt **	ca. 35 ppb	ca. 24 ppb	8 %	8,2 %
Wasserdampf, H_2O	gering	Mittel 2,6 %	ebenso	60 %	indirekt ***
Trends 2000–2019: CO_2 +41 ppm, CH_4 +0,09 ppm, N_2O +0,02 ppm, F12 –0,04 ppb					

* Rest ca. 1 %

** Größenordnung ca. 0,5 Gt über div. Vorläufergase (insbesondere NOx und CO, vgl. Tab. 2)

*** über Rückkopplungen

Wald wie jede Vegetation im Rahmen der Photosynthese der Atmosphäre CO_2 entzieht, kommt es durch Rodung zu einer Art CO_2-Rückstau in der Atmosphäre. Schließlich trägt auch die Zementproduktion ein wenig zum atmosphärischen CO_2-Anstieg bei. Dabei muss man wissen, dass die weltweite Primärenergienutzung (also jegliche Art von Energie, nicht nur Strom) von 1900 bis heute (2019) von rund 1 auf 20 Gt SKE (Giga-, also Milliarden Tonnen Steinkohleeinheiten) zugenommen hat (die Weltbevölkerung von knapp 2 auf 7,8 Mrd (Sommer 2020)) und noch immer zu 85 % (Deutschland 78 %) auf fossilen Energieträgern beruht. Dies hat sich in den letzten 10 Jahren nur marginal geändert (2007: global 88 %, Deutschland 82 %).

Nun bleibt nicht alles CO_2, welches die Menschheit in die Atmosphäre ausstößt, dort, siehe Abb. 26. Im Jahr 2019 betrug die globale anthropogene CO_2-Emission ca. 42 Gt (entsprechend 11,5 GtC, C = Kohlenstoffeinheiten), davon 37 Gt (88 %, entsprechend 10 GtC, vgl. Abb. 26) durch die Nutzung fossiler Ener-

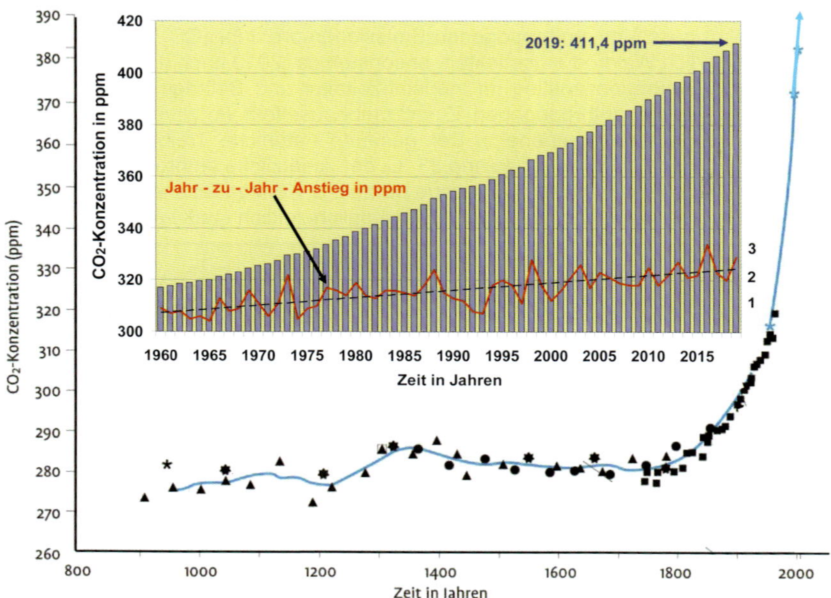

Abb. 25. Atmosphärische Kohlendioxid-Konzentration (CO_2), indirekte Eisbohrrekonstruktionen seit 900, Antarktis, unten, nach IPCC[53] (die Symbole weisen auf unterschiedliche Stationen hin), vereinfacht, bzw. seit 1960 an der Station Mauna Loa, Hawaii, mit Angaben des Jahr-zu-Jahranstiegs, oben, nach NOAA[85], bearbeitet.

gieträger und die Zementproduktion[37]. 1990 waren es noch insgesamt ca. 26 Gt, 1900 ca. 3Gt. Wir haben es also mit einem gigantischen Anstieg zu tun. Knapp die Hälfte (derzeit 53 %, Details siehe Abb. 26) dieser Emission wird vom Ozean und der Landvegetation aufgenommen und der Rest verbleibt in der Atmosphäre, wo sie als CO_2-Konzentration gemessen wird. Diese Bilanz des *Kohlenstoffkreislaufs* darf nicht mit dem Austausch von CO_2 (und anderen Kohlenstoffverbindungen) zwischen Atmosphäre und Ozean bzw. Landvegetation verwechselt werden, welcher quantitativ viel größer ist (vgl. Abb. 26). Entscheidend ist die Bilanz und dabei insbesondere, welcher zusätzliche CO_2-Anteil in der Atmosphäre verbleibt.

Bevor wir uns nun endlich den Strahlungsantrieben zuwenden, müssen wenigstens noch die wichtigsten über CO_2 hinaus gehenden klimawirksamen Spurengase kurz betrachtet werden; vgl. wiederum Tab. 9. CH_4 (Methan) gelangt mit jeweils knapp 30 % über die Nutzung fossiler Energieträger (sog. Grubengas beim Kohlebergbau, Erdgasleitungsverluste usw.) und Viehhaltung in die Atmosphäre. Der Rest verteilt sich auf Abfälle, Reisanbau und Verbrennung organi-

Tabelle 10. Strahlungsantriebe (untere Atmosphäre) aufgrund anthropogener und natürlicher Klimafaktoren im Industriezeitalter (1750–2011) nach IPCC[54] (2014), ergänzt. Anthropogene Antriebe sind mit * gekennzeichnet, Unsicherheitsbereiche in Klammern angegeben.

Klimafaktor	Strahlungsantrieb	zeitliche Struktur
Treibhausgase*	+3,3 (2,4 bis 4,3) W/m²	progressiver Trend
Partikel (Aerosole)*	ca. –0,9 (–0,1 bis –1,9) W/m²	variabler Trend
Kombiniert*	ca. +2,3 (1,1–3,4) W/m²	variabler Trend
Landnutzungseffekte*	–0,15 (–0,05 bis –0,25) W/m²	kontinuierlicher Trend
Sonnenaktivität	0,05 (0 bis 0,1) W/m² **	variabler Trend
Vulkanismus (explosiv)	maximal ca. –1 bis –3 W/m² ***	episodisch (1–3 Jahre)

** überlagerte fluktuative Variationen erreichen maximal ungefähr den doppelten Wert
*** seit 1900 stärkster Effekt ein Jahr nach dem Pinatubo-Ausbruch (1992)[MC]: –3,2 W/m²

scher Substanz. Die anthropogene Gesamtemission wird auf 300–370 Mt (Mega-, also Millionen Tonnen) geschätzt; die CH_4-Konzentration ist von vorindustriell ca. 0,72 ppm auf rund 1,87 ppm im Jahr 2019 angestiegen. Beim N_2O (Distickstoffoxid, auch Lachgas genannt) liegt die anthropogene Emission irgendwo bei rund 10 Mt, wobei der Großteil (ca. 65 %) auf die landwirtschaftliche Überdüngung zurückgeht. Der Rest verteilt sich in etwa zu gleichen Teilen auf die Nutzung fossiler Energieträger, die Verbrennung organischer Substanz und die Emission durch Flüsse und Küstengewässer. Die atmosphärische N_2O-Konzentration ist von vorindustriell ca. 0,27 ppm auf derzeit ca. 0,33 ppm angestiegen. Übrigens darf N_2O nicht mit den Stickoxiden NO_x (Stickstoffmonoxid NO und Stickstoffdioxid NO_2) verwechselt werden, die *nicht* klimawirksam, aber giftig sind und z.Z. vor allem im Zusammenhang mit dem Autoverkehr diskutiert werden. Bei den FCKW-Gasen handelt es sich um eine Reihe rein künstlicher Gase, deren atmosphärische Konzentrationen im ppb-Bereich liegen (z.B. F12 bei 0,50 ppb; zu den Maßeinheiten vgl. erneut Kap. 2). Als einzige der klimawirksamen Spurengase nehmen die Konzentrationen von F11 und F12 derzeit wieder ab, vgl. Tab. 2, dank internationaler Abkommen zum Schutz der stratosphärischen Ozonschicht; denn außer ihrer Rolle beim anthropogenen Zusatz-Treibhauseffekt haben sie dort eine zerstörerische Wirkung. O_3 (Ozon) selbst ist viel kurzlebiger als die anderen genannten klimawirksamen Spurengase und weist daher regional sehr unterschiedliche Konzentrationen auf. Im globalen bodennahen Mittel kann von etwa 30–40 ppb ausgegangen werden (in der Stratosphäre wesentlich höher, vgl. Kap. 2. Tab. 2).

In Tab. 10 sind nun die Strahlungsantriebe zusammengestellt, die auf den anthropogenen atmosphärischen Konzentrationsanstiegen der wichtigsten klima-

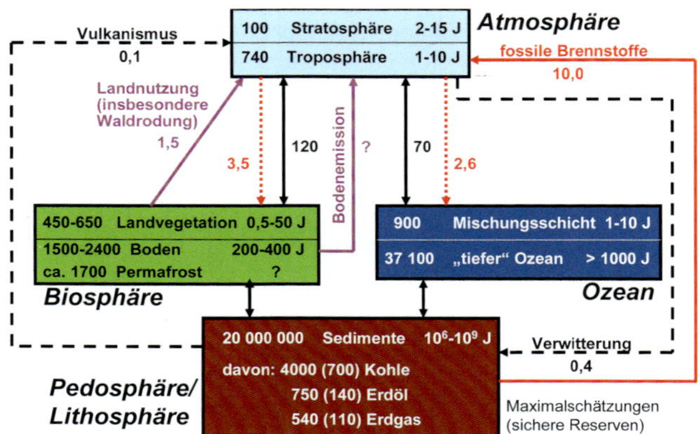

Abb. 26. Globale Kohlenstoff(C)-Speicher in Gt (Milliarden Tonnen), Kästen, nach BRÖNNIMANN[11] (2018) und zugehörige Flüsse (Quellen und Senken) in GtC nach GCP[37] (Bezug 2019). Anthropogene Störungen sind rot bzw. lila gekennzeichnet.

wirksamen Spurengase seit 1750 beruhen. Bezugsjahr ist 2011 (nach dem letzten IPCC-Bericht[54]). Die gelegentlich zu findende Angabe des *Treibhauspotentials*, das z.B. für CH_4 deutlich größer ist als für CO_2, gilt nur pro Molekül und kann deswegen irreführend sein. Es müssen auch die Anzahl der Moleküle, also die Konzentrationen, und deren atmosphärische Verweilzeiten berücksichtigt werden. Alles das ist bei den Strahlungsantrieben der Fall. Dieser Strahlungsantrieb, der somit korrekt den zusätzlichen anthropogenen Treibhauseffekt quantifiziert, hat im Verlauf des Industriezeitalters (von 1750 bis heute) einen Wert von 3,3 W/m^2 erreicht (nach IPCC[54]). Wie er sich zusammensetzt, ist aus Tab. 9 ersichtlich, wobei die Beiträge zum natürlichen Treibhauseffekt, der nach konventioneller Schätzung bei insgesamt 33 °C liegt, bzw. zusätzlichen anthropogenen Treibhauseffekt (bisher ca. 1 °C; näheres später) sehr unterschiedlich sind. Die FCKW spielen beim natürlichen Treibhauseffekt keine Rolle, da sie rein künstliche Gase sind. Der Wasserdampf (H_2O) trägt zum anthropogenen Zusatz-Treibhauseffekt direkt kaum etwas bei, da der Mensch z.B. mit der Ozeanverdunstung auch nicht annähernd konkurrieren kann, wohl aber indirekt durch Rückkopplungen (dazu näheres später). Man kann auch versuchen, die Strahlungsantriebe der über CO_2 hinaus gehenden klimawirksamen Spurengase in zusätzliche CO_2-Konzentrationswerte umzurechnen. Sie werden dann als äquivalente CO_2-Konzentrationen bezeichnet (2019 recht genau 500 ppm gegenüber rund 410 ppm beim CO_2 allein; vgl. oben). Im Folgenden soll jedoch wegen der besseren Vergleichsmöglichkeiten mit den weiteren anthropogenen und auch natürlichen Klimafaktoren am Konzept der Strahlungsantriebe festgehalten werden.

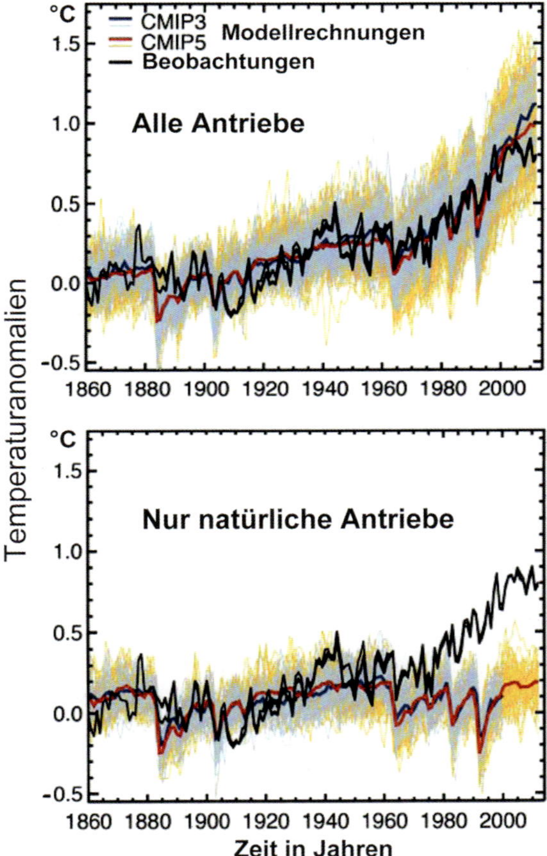

Abb. 27. Global gemittelte Anomalien der bodennahen Lufttemperatur seit 1860, beobachtet (schwarz) und simuliert mit Hilfe einer Vielzahl von Klimamodellen (sog. Klimamodell-Vergleichsprojekte, engl. Climate Model Intercomparison Projects, CMIP), wobei unten nur natürliche Antriebe berücksichtigt sind, oben auch die anthropogenen; nach IPCC[55].

Der Strahlungsantrieb der Aerosole ist sehr unterschiedlich und im Detail sehr kompliziert, weil zu den direkten Effekten noch indirekte durch Veränderungen der Wolkenphysik hinzukommen. Hier soll nur summarisch der Gesamteffekt genannt sein[54]: Zunächst, direkt und ohne Ruß, –0,9 W/m^2 (also negativ, d.h. kühlend), einschließlich Ruß, dem ein positiver und neuerdings erheblicher Effekt zugeschrieben wird (+0,6 W/m^2), –0,3 W/m^2, einschließlich indirekter Effekte schließlich wiederum –0,9 W/m^2. Der Landnutzungseffekt (durch Anstieg der Albedo, da z.B. Ackerflächen heller als Waldflächen sind) wird mit –0,15 W/m^2 angesetzt. Somit liegt der totale anthropogene Strahlungsantrieb im Industriezeitalter (seit 1750 nach IPCC) bei +2,3 W/m^2. Dem steht ein natürlicher Strahlungsantrieb durch die Sonnenaktivität von lediglich +0,05 W/m^2 gegenüber. Von der zeitlichen Charakteristik her sind das alles Trendantriebe, die entsprechend langfristige Klimaänderungen erwarten lassen. Es gibt aber auch fluktuierende bzw. episodische Strahlungsantriebe. Der Sonnenaktivität kommt sowohl ein Trend- als auch ein fluktuierender (vgl. hierzu Kap. 6) Strahlungsantrieb zu; letzterer liegt im Industriezeitalter bei ungefähr ±1 W/m^2. Bei explosiven Vulkanausbrüchen kann der episodische Strahlungsantrieb (Industriezeitalter) Größenordnungen von maximal ca. –3 W/m^2 erreichen; dieser Wert wird dem Pinatubo-Ausbruch (1991, vgl. Tab. 5) zugeschrieben[79]. Wegen der sehr begrenzten Verweildauer der vulkanischen Partikel in der Stratosphäre (vgl. wiederum Kap. 6) verschwindet dieser Antrieb aber bereits nach wenigen (im Mittel 3) Jahren. Der maximale Antrieb tritt übrigens meist ein Jahr nach dem jeweiligen Ausbruch auf, weil der Haupteffekt auf schweflige Gase zurückgeht, die durch Gas-zu-Partikel-Umwandlungen Schwefelsäure (H_2SO_4) und schließlich Sulfat bilden, eines der klimawirksamsten Aerosole.

Wie die Reaktion des Klimas auf die Gesamtheit der anthropogenen und natürlichen Antriebe aussieht, muss durch Klimamodelle simuliert werden, die neben den Strahlungsantrieben auch Rückkopplungen berücksichtigen. Das letzte große Klimamodell-Vergleichsprojekt (CMIP5, Climate Model Intercomparison Project No. 5, 2012, im letzten IPCC-Bericht[54] zitiert) stützt sich auf 39 Simulationen mit den derzeit aufwändigsten Klimamodellen (AOGCM, vgl. Kap. 7). Das Ergebnis ist in Abb. 27 zu sehen, und zwar einmal nur mit natürlichen Antrieben und zum zweiten unter zusätzlicher Berücksichtigung anthropogener Antriebe. Offenbar ist zumindest ab 1960/70 die beobachtete globale Erwärmung nur anthropogen erklärbar und liegt ab 1900 bei ungefähr 1 °C. Dies steht in guter Übereinstimmung mit der Beobachtung (vgl. Kap. 10, Tab. 7 und Abb. 20) und quantifiziert den bereits in dieser Höhe genannten bisherigen zusätzlichen anthropogenen Treibhauseffekt. Dieser Treibhaustrend ist von natürlichen Fluktuationen in der Größenordnung von ±0,1 °C überlagert. Aufgrund dieser Ergebnisse schätzt das vorsichtige IPCC[54] die Wahrscheinlichkeit, dass die Erwärmung im Industriezeitalter anthropogen ist, auf 95 % (und hat sich dabei von Bericht zu Bericht gesteigert). Interessant sind in diesem Zusammenhang auch die Studien zur Klimasensitivität (vgl. dazu Kap. 6). In einem groß angelegten früheren Klimamodell-Vergleichsprojekt[14] wurde simuliert, wie groß die globale Erwärmung im Fall einer atmosphärischen CO_2-Konzentrationsverdoppelung ohne Rückkopplungen ausfallen sollte. Dabei kamen alle Modelle zu 1,2 °C Er-

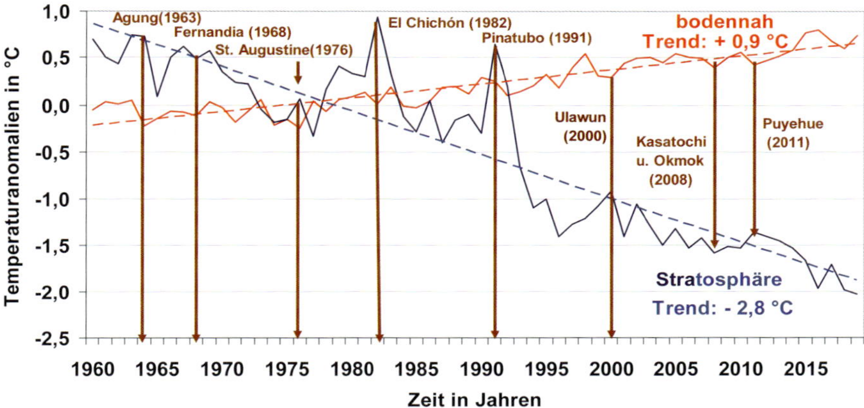

Abb. 28. Vergleich der jährlichen Temperaturanomalien 1960–2019 in der unteren Atmosphäre, rot, mit der Stratosphäre (Luftdruckniveau 30 hPa, entsprechend ca. 24 km Höhe), blau, mit Trends und Angabe einiger explosiver und somit klimawirksamer Vulkanausbrüche, braun; kombiniert nach den Datenquellen CRU[18], NOAA[85] und SMITHSONIAN INSTITUTION, USA[122], bearbeitet.

wärmung. Unter Berücksichtigung der Wasserdampf-Rückkopplung (bei Erwärmung nimmt vor allem über dem Ozean die Verdunstung zu und lässt daher den Wasserdampfgehalt der Atmosphäre ansteigen) waren es 1,6–2,1 °C Erwärmung, also deutlich mehr als 1,2 °C, jedoch mit einer gewissen, noch nicht besonders großen Unsicherheit. Nimmt man alle weiteren Rückkopplungen hinzu, wobei die Wolken-Rückkopplungen die größten Unsicherheiten mit sich bringen, landet man laut den im letzten IPCC-Bericht[54] erfassten 30 Klimamodellsimulationen bei 1,5–4.5 °C Erwärmung, also mit entweder leichter negativer Rückkopplung oder erheblicher positiver Rückkopplung. Mit dieser Modell-Unsicherheit muss man leider leben; sie stellt die grundsätzlichen Befunde zur anthropogenen Klimabeeinflussung (hier nur Temperatur, zusätzlicher anthropogener Treibhauseffekt) aber nicht in Frage.

Eine gewisse Schwäche der Klimamodellrechnungen besteht darin, dass sie zwar den anthropogenen Langfristtrend („globale Erwärmung“) gut simulieren können, bei den überlagerten auf natürliche Einflüsse zurückgehenden Fluktuationen aber erhebliche Unterschiede und somit Unsicherheiten aufweisen. Man kann jedoch versuchen, durch pure Analyse der Beobachtungsdaten diese überlagerten Fluktuationen ausfindig zu machen und dadurch zusätzliche Sicherheit zu gewinnen. Das hat die Weltorganisation für Meteorologie (WMO) 2015 getan[142]. Sie kommt dabei zu dem Ergebnis, dass auf den ENSO-Mechanismus (El Niño, La Niña; Südliche Oszillation; vgl. Kap. 6), dem kein Strahlungsantrieb zugeordnet werden kann, überlagerte Fluktuationen in der Größenordnung von

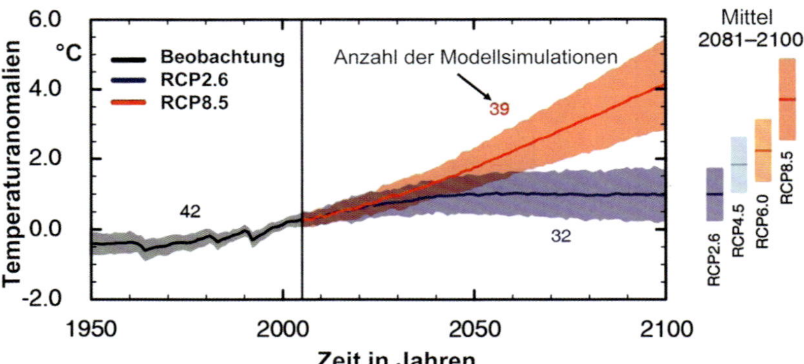

Abb. 29. Global gemittelte Anomalien der bodennahen Lufttemperatur seit 1950 und Zukunftsprojektionen bis 2100 mit Hilfe einer Vielzahl von Klimamodellen aufgrund der RCP-Szenarien (Repräsentative Konzentrationspfade, engl. Representative Concentration Pathways) nach IPCC[55].

0,1–0,2 °C zurückgehen (dabei eher der geringere als der höhere Wert). In ähnlicher Weise sind Effekte nach explosiven Vulkanausbrüchen in der gleichen Größenordnung erkennbar, jedoch als Abkühlungen (z.B. 1992, ein Jahr nach dem Pinatubo-Ausbruch, ca. –0,2 °C). Gerade die „Handschrift" der Vulkanausbrüche ist zudem in der Stratosphäre gut identifizierbar, insbesondere weil dann, weitgehend synchron, deutliche Erwärmungen der Stratosphäre und (weniger deutliche) Abkühlungen der unteren Atmosphäre auftreten[110]; siehe Abb. 28. Dieser Vergleich der Temperaturentwicklung in der bodennahen Atmosphäre mit der Stratosphäre (in 24 km Höhe) offenbart noch einen weiteren wichtigen Befund: Offenbar geht mit dem langfristigen bodennahen Erwärmungstrend ein stratosphärischer Abkühlungstrend Hand in Hand, wobei der Effekt in der Stratosphäre wiederum stärker ist als bodennah. Da dies auch in allen aufwändigen Klimamodellrechnungen zum anthropogenen Treibhauseffekt so reproduziert wird, ist einmal mehr der anthropogene Zusatz-Treibhauseffekt bestätigt.

Nach diesen ermutigenden Ergebnissen der Simulation der Klimavergangenheit kann gewagt werden, mit eben diesen Modellen auch den Blick in die Zukunft zu wagen. Dabei sollte man allerdings wissen, wie groß die zukünftige anthropogene Emission von klimawirksamen Spurengasen und auch Partikeln (Aerosolen) sein wird. Da man dies aber nicht weiß, zumindest nicht mit quantitativer Sicherheit, werden sog. Szenarien aufgestellt, d.h. alternative Annahmen, wie künftige Entwicklungen aussehen könnten. Sie waren früher an der Bevölkerungs- und Wirtschaftsentwicklung orientiert. Neuerdings werden Annahmen dazu gemacht, wie sich bis zum Jahr 2100 der anthropogene Strahlungsantrieb

Tabelle 11. Klimamodellsimulationen der bis 2081–2100 gegenüber 1986–2005 erwarteten Klimaänderungen (bodennahe Lufttemperatur und Meeresspiegelhöhe, jeweils im globalen Mittel) nach den angegebenen Szenarien nach IPCC[54] (2014). Diese Szenarien geben den am Ende des simulierten Zeitintervalls erreichten Strahlungsantrieb (in W/m^2) an und heißen repräsentative Konzentrationspfade (engl. Representative Concentration Pathways, RCP). Die angegebenen Zahlenwerte gelten zusätzlich zu den im Industriezeitalter bereits eingetretenen Änderungen (ca. 1 °C Erwärmung, vgl. Tab. 7, ca. 20 cm Meeresspiegelanstieg). Derzeit folgen wir noch dem obersten Szenario.

Szenario	Temperaturanstieg	Meeresspiegelanstieg
RCP 2,6	0,3–1,7 °C	26–55 cm
RCP 4,5	1,1–2,6 °C	32–63 cm
RCP 6,0	1,4–3,1 °C	33–63 cm
RCP 8,5	2,6–4,8 °C	45–82 cm

möglicherweise steigern könnte. Man spricht von repräsentativen Konzentrationspfaden (engl. Representative Concentration Pathways, RCP[82]) und benennt sie nach dem jeweils für das Jahr 2100 angenommenen Strahlungsantrieb: RCP8.5, RCP6.0, RCP4.5 und RCP2.6 (Zahlen in W/m^2). Dem lassen sich die CO_2-Emissionswerte aus fossilen Energieträgern und der Zementproduktion (2019: 37 Gt, vgl. oben) bzw. die entsprechenden äquivalenten CO_2-Konzentrationswerte zuordnen. Leider folgen wir zurzeit dem obersten Szenario (RCP8.5). Das unterste Szenario (RCP2.6) sieht ab ca. 1970 eine negative CO_2-Emission vor, also überhaupt keinen Ausstoß mehr, statt dessen Maßnahmen, die CO_2 aus der Atmosphäre entfernen (Sequestration). Wie das jemals erreicht werden soll, steht derzeit noch in den Sternen (vgl. dazu Kap. 14).

Zu diesen Szenarien gibt es nun eine Vielzahl von Klimamodellrechnungen. Wie vom IPCC (2014)[54] erfasst und bewertet, sind die Ergebnisse in Abb. 29 und Tab. 11 zusammengefasst. Man erkennt, dass es neben der Unsicherheit, welches Szenario letztlich zutreffend sein wird (oder auch ein ganz anderes?), noch eine Modellunsicherheit gibt; denn je nachdem, wie die Modelle und dort insbesondere die Rückkopplungen formuliert bzw. parametrisiert sind, liefern sie unterschiedliche Ergebnisse, und das sogar für die global gemittelte bodennahe Lufttemperatur, die für diese Modelle eigentlich eine vergleichsweise „einfache Übung" sein sollte. Wissenschaftlich gesehen ist es daher unumgänglich, für die Zukunft keine fixen Werte, sondern stets Wertespannen anzugeben. So gesehen ist beim obersten Szenario (RCP8.5) bis zum Jahr 2100 (genauer: gemittelt für 2081–2100 gegenüber 1986–2005, da Klimamodelle (vgl. Kap. 6) stets nur Statistiken für bestimmte Wertespannen liefern), eine Erwärmung um 2,6–4,8 °C zu erwarten, beim untersten (jedoch derzeit sehr unwahrscheinlichen) Szenario RCP2.6 dagegen nur 0,3–1,7 °C. Nicht übersehen werden darf dabei, dass diese Erwärmungen nicht relativ zum vorindustriellen Niveau gelten, sondern relativ zu 1986–2005 (vgl. oben). Will man den vorindustriellen Bezug wählen, wie das in der Klimapolitik (Kap. 14) i.a. geschieht, muss jeweils noch ca. 1 °C dazu addiert werden. Dann liefert RCP8.5 also 3,6–5, 8 °C Erwärmung, RCP2.6 immerhin noch 1,3–2, 7 °C. Außerdem handelt es sich hierbei um globale Mittelwerte, die regional erheblich überschritten, aber auch unterschritten werden können.

Sieht man sich im letzten IPCC-Bericht[54] entsprechende Globalkarten an (aus dem Internet herunterladbar), so sieht man, dass bei der Temperatur systematisch über Land die stärkeren Erwärmungen simuliert werden, wie das ja auch bei den Beobachtungen der Fall ist (vgl. Abb. 21). Sie erreichen bei RCP8.5 im Nordpolarbereich Werte von über 8 °C, in Europa in der Größenordnung von 4 °C (immer zusätzlich zum bisherigen Anstieg im Industriezeitalter). Beim Niederschlag sind die Änderungsmuster komplizierter und die Modellergebnisse prinzipiell unsicherer. Grob gesehen erkennt man, dass die stärksten Zunahmen des Niederschlags über den Ozeanen in einem schmalen Bereich der innersten Tropen, in kleinen Teilen Afrikas (östliche Sahelzone) dem äußersten Ostafrika, in Teilen der Antarktis und großräumiger im Nordpolarbereich stattfinden. Deutliche Abnahmen der Niederschlagsmenge werden vor allem in den Subtropen beiderseits des Äquators simuliert, somit auch in der Mittelmeerregion. Fatalerweise dort, wo bereits jetzt schon wenig Niederschlag fällt. Die wichtige Frage, welche Extremereignisse in Zukunft zu erwarten sind bzw. sich schon jetzt abzeichnen, wird im folgenden Kapitel (Kap. 12) behandelt, wobei neben Temperatur und Niederschlag auch Stürme wichtig sind. Die Reaktion der Meeresspiegelhöhe darauf ist eine der Auswirkungen des anthropogenen Klimawandels (siehe Kap. 13).

12 Extremereignisse

Ist der Klimawandel auch mit häufigeren bzw. intensiveren Extremereignissen verbunden? In der Öffentlichkeit treten dabei sog. Naturkatastrophen in den Blickpunkt und die eingangs gestellte Frage lässt sich am sichersten global beantworten. Dabei helfen uns die Rückversicherer, bei denen sich die regionalen Versicherungen – wie der Name sagt – rückversichern und die daher weltweit mit der Dokumentation von Schäden aufgrund von Naturkatastrophen beschäftigt sind. Auf ihre Statistiken können wir zurückgreifen. So ist in Abb. 30 die Anzahl der Schadenereignisse angegeben, wie sie von der Münchener Rückversicherung (MunichRe)[83] ab 1980 weltweit erfasst worden ist. Wir sehen annähernd eine Verdreifachung, also einen ganz erheblichen zunehmenden Trend. Die Aufstellung klassifiziert auch die Art der Ereignisse, und zwar in der Nomenklatur der MunichRe:

- Geophysikalische Ereignisse: Erdbeben, Tsunamis, Vulkanausbrüche;
- Hydrologische Ereignisse: Überschwemmungen, Hangrutsche u.ä., in Folge von Starkniederschlägen;
- Sog. meteorologische Ereignisse: Stürme verschiedener Art (einschließlich Tornados);
- Sog. klimatologische Ereignisse (Bezeichnung unglücklich): Extreme Temperaturen (Hitze- bzw. Kältewellen), Dürren, Waldbrände (als Folge von Dürren und Hitze, leider oft auch als Folge von Brandstiftung).

Abb. 30 lässt erkennen, dass die geophysikalischen Ereignisse, die ja mit dem Klimawandel nichts zu tun haben, nicht häufiger geworden sind, wohl aber alle anderen Arten von Schadensereignissen: Da diese alle einen Klimabezug aufweisen, ist die eingangs gestellte Frage eindeutig mit „ja" zu beantworten[6].

Problematischer ist die Schadensbetrachtung selbst. Auch hier ist ein deutlich ansteigender Trend zu sehen. Doch treten hierbei einzelne Jahre stark hervor. Sieht man sich die Details dieser Schadensstatistiken an, findet man dafür Indizien: 2005 hat allein der Hurrikan „Katrina" in den USA Schäden von 125 Mrd. US$ angerichtet, außerdem waren 1.322 Tote zu beklagen. 2011 trat in Japan ein verheerender Tsunami auf (Tsunamis, also vom Meer kommende gigantische Flutwellen, werden durch Seebeben ausgelöst). Allein dieser Tsunami verursachte Schäden in Höhe von 210 Mrd. US$, einschließlich der Havarie der Kernkraftanlage Fukushima (Japan); dazu kam die große Zahl von 15.840 Toten. 2017 schlug vor allem eine Hurrikan-Serie zu Buche (Harvey, Irma und Maria), die in der Karibik und den USA Schäden in Höhe von 220 Mrd. US$ zur Folge hatte sowie 324 Tote. Allerdings sind solche Schadensbetrachtungen aus mehreren Gründen problematisch. Zum einen lassen sich Todesfälle nicht in Geldwerten ausdrücken, zumindest nicht in einer Form, die allgemein akzeptabel wäre. Daher

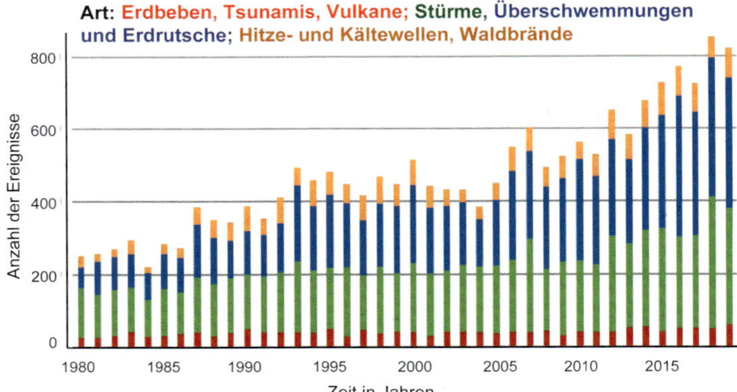

Abb. 30. Anzahl der Schadensereignisse weltweit 1980–2019, aufgeschlüsselt nach den Schadensarten, Quelle MUNICHRE[83].

unterbleiben solche Versuche in aller Regel, so dass eine wichtige Folge von Naturkatastrophen unberücksichtigt bleibt. Zum zweiten richtet ein und das gleiche Ereignis, wie z.B. ein Hurrikan in den USA, heutzutage viel größere Schäden an als vor einigen Jahrzehnten, weil sich in den betroffenen Gebieten inzwischen viel größere Werte angesammelt und konzentriert haben, und zwar durch Bebauung, wertvollere Ausstattung der Gebäude usw. und nicht zuletzt auch durch eine größere Bevölkerungsdichte. Ein weiteres Problem, allerdings vor allem für die Betroffenen, ist die Tatsache, dass lediglich ein Teil der angerichteten wirtschaftlichen Schäden versichert ist. Daher haben unter derartigen Extremereignissen die Menschen in den Entwicklungsländern viel stärker zu leiden als in den Industrieländern, in denen die Versicherungsquote deutlich höher ist.

Es ist also aus klimatologischer Sicht zielführender, die Frage nach der Häufigkeit und dem Ausmaß von Extremereignissen unabhängig von den dadurch verursachten Schäden zu beantworten. Man könnte hier die Wetterrekorde einordnen, wie sie in Tab. 1 (Kap. 2) in Auswahl weltweit und für Deutschland zusammengestellt sind. Doch dies sind singuläre Ereignisse, die nichts darüber aussagen, wie häufig sie auftreten. Vielmehr müssen wir auf die statistischen Aspekte zurückgreifen, wie sie in Kap. 3 behandelt worden sind. Dort ist u.a. in Abb. 3 das Konzept der Häufigkeitsverteilung und weiterführend der Wahrscheinlichkeitsdichtefunktion (engl. PDF) eingeführt worden. Die Ränder solcher PDFs quantifizieren die Eintrittswahrscheinlichkeit extrem hoher bzw. extrem tiefer Werte, z.B. der Temperatur. Und man kann nun analysieren, ob sich im Laufe der Zeit an solchen PDFs etwas geändert hat. Abb. 31 zeigt ein Beispiel[3,115] dafür: Man sieht, dass von 1901 bis 2006 (weiter ist diese Analyse leider nicht durchgeführt worden) in Frankfurt/Main die Wahrscheinlichkeit für das Auftreten von August-

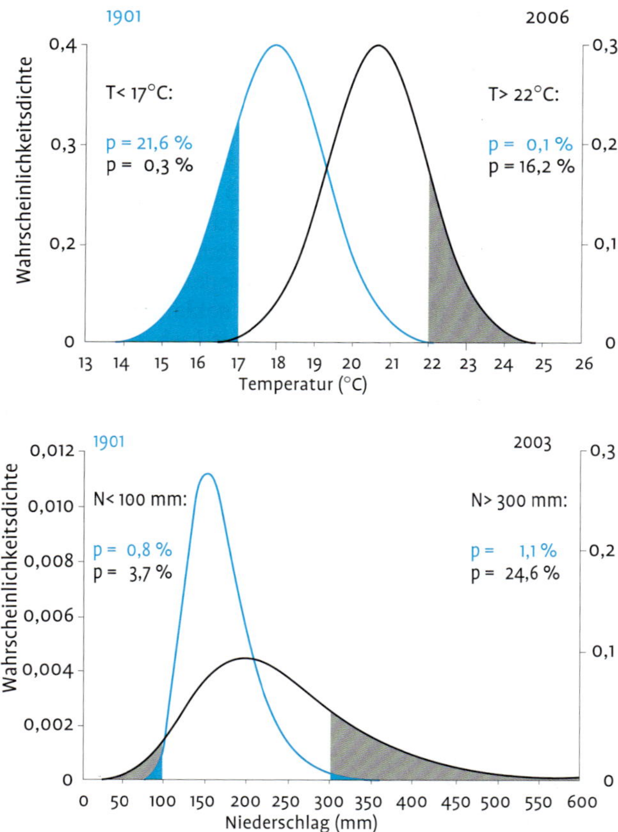

Abb. 31. Oben: „Wanderung" der PDF (Wahrscheinlichkeitsdichtefunktion) der August-Temperatur in Frankfurt a.M. 1901–2006 mit Angabe der Unter- bzw. Überschreitungswahrscheinlichkeit p der angegebenen Grenzen; unten: Winterniederschlag Eppenrod (bei Limburg) 1901–2003; nach SCHÖNWIESE[115].

Mitteltemperaturen von mehr als 22 °C von 0,1 % auf 16,2 % zugenommen, das Auftreten von weniger als 17 °C in ähnlichem Ausmaß abgenommen hat. Solche Analysen führen das Ausmaß des Klimawandels besonders drastisch vor Augen. Sie sind allerdings nicht so ganz leicht verständlich. Man muss sich dazu eine Art Film vorstellen, bei dem die PDF vom Anfangs- in den Endzustand wandert und wissen, dass dabei alle vorliegenden Daten aus der Zeitspanne dazwischen in die Analyse eingehen (also in diesem Fall nicht nur die für 1901 und 2006). Ähnlich ist es bei der Trendberechnung, die sozusagen das Wandern des Mittelwertes erfasst und nur die Differenz zwischen dem End- und Anfangswert angibt.

Es gibt zwar weltweit sehr viele klimatologische Extremwertanalysen, deren Ergebnisse sind jedoch sehr unübersichtlich und teilweise auch nicht vergleichbar. Für Deutschland und die Temperatur lässt sich grob zusammenfassend folgendes sagen[3,115]: Seit 1900 haben sowohl die Häufigkeit als auch die Intensität von Hitzesommern und relativ warmen Wintern zugenommen, von kühlen Sommer und strengen Wintern entsprechend abgenommen. Der Begriff der Häufigkeit darf aber nicht dahingehend missverstanden werden, dass beispielsweise jeder Sommer wärmer als der vorangehende werden würde. Vielmehr haben wir es mit Fluktuationen zu tun – und hierfür ist ein Rückblick auf Abb. 20 und 23 hilfreich: Mit dem Erwärmungstrend steigt die Häufigkeit bzw. Wahrscheinlichkeit, dass in gewissen Zeitabständen immer neue hohe Extremwerte auftreten. Und so kam der bisherige Rekord-Hitzesommer 2003 eigentlich nicht überraschend. Er hatte in Europa 71.443 zusätzliche Todesfälle zur Folge, davon 9.355 in Deutschland[100]. Seine wirtschaftlichen Schäden, vorwiegend in der Landwirtschaft, betrugen rund 13 Mrd. US$[83]. Im Zusammenhang mit den Folgen solcher Hitzewellen ist in Kap. 13 noch einmal darauf zurückzukommen. Eine statistische Analyse des Hitzesommers 2003 hat gezeigt[114], dass gemessen an der Klimavariabilität davor dieses Ereignis damals nur eine Eintrittswahrscheinlichkeit von 0,22 % hatte, was formal einem Auftreten nur alle 455 Jahre entspricht. Die gleiche Analyse hat aber außerdem gezeigt, dass diese Eintrittswahrscheinlichkeit seit ca. 1960/1970 immens zugenommen hat. Mit Hilfe eines regionalen Klimamodells haben Schweizer Klimatologen berechnet, dass diese immense Zunahme der Eintrittswahrscheinlichkeit bis 2071–2100 weiter steigen wird, ebenso wie die Variationsbreite (welche die Eintrittswahrscheinlichkeit nochmals erhöht), so dass zum Ende unseres Jahrhunderts ein Hitzesommer wie 2003 alle 2 Jahre zu erwarten wäre, zudem relativ häufig auch noch heißere. Das sind dramatische Ergebnisse der Klimaforschung. Aus dieser Sicht ordnen sich die Hitze- und Trockensommer 2018/2019 (vgl. Abb. 23 und zugehörigen Text S. 75 unten) in diese Entwicklung folgerichtig ein.

Deutlich komplizierter und problematischer als bei der Temperatur sind Extremwertanalysen des Niederschlags. Die oben erwähnte Analyse für Deutschland erbrachte dafür wiederum grob zusammengefasst folgende Ergebnisse (ab 1900): Für Niederschlag ist der PDF-Typ im Gegensatz zu Abb. 3 und 31 oben asymmetrisch (statistische Einzelheiten können hier nicht diskutiert werden) und „wandert“ nicht nur, sondern wird dabei auch häufig „breiter“ (vgl. Abb. 31 unten). Das bedeutet, dass sowohl die Wahrscheinlichkeit für extrem viel als auch für extrem wenig Niederschlag steigt, auf Kosten mittlerer Niederschlagsmengen. Quantitativ gibt es jedoch ausgeprägte jahreszeitliche und regionale Unterschiede. So ist im Winter, vor allem im Westen und Südwesten Deutschlands, ein Trend zu häufigeren Starkniederschlägen erkennbar, die in dieser Jahreszeit typischerweise relativ großräumig auftreten. Die Folge können Hochwasserereignisse sein. Im Sommer ist die Situation besonders kompliziert: Einerseits beobachtet man einen Trend zu weniger Niederschlag und folglich Dürren, vor allem im Osten von Deutschland. Gleichzeitig gibt es eine Tendenz zu häufigeren und intensiveren Episoden mit Starkniederschlag, die im Sommer typischerweise kleinräumig auftreten. So können Niederschlagsanomalien im Sommer auf engstem Raum ganz unterschiedlich ausfallen: der Ort, der von einem Unwetter mit Starkniederschlag betroffen ist, weist positive Anomalien auf; gleich daneben, wo es keine Unwetter gab, hat man es dagegen mit Dürren und somit negativen Anomalien zu tun.

Besondere Hochwässer gab es in Deutschland seit 1990 wie folgt[83,115]:

- Dezember 1993, Rheinregion
- Januar 1995, Rheinregion
- Juli 1997, Oderregion (einschließlich Nachbarstaaten 110 Tote, Schäden 5,9 Mrd. US$)
- Mai 1999, Donau-/Bodenseeregion
- August 2002, Elberegion (sog. „Elbeflut"; 37 Tote, Schäden 13,5 Mrd. US$)
- August 2005, Nördliche Voralpenregion
- Januar 2011, ganz Deutschland
- Juni 2013, Süd- und Ostdeutschland (25 Tote, Schäden 15,2 Mrd. US$)

Diese Ereignisse werden durch die Hochwasserschäden an anderen Orten der Erde jedoch weit in den Schatten gestellt[83]. Erwähnt seien exemplarisch: Indien Juni 2013, 5.500 Tote, Schäden 1,5 Mrd. US$; Indien und Pakistan, September 2014, 665 Tote, Schäden 5,1 Mrd. US$; Juni/Juli 2016, China, 237 Tote, Schäden 20 Mrd. US$; Juni-Oktober 2017, Indien und Bangladesh, 1787 Tote, Schäden 3,5 Mrd. US$; August 2019, Indien, 424 Tote, Schäden 7 Mrd. US$.

Andererseits führte eine von Oktober 2010 bis September 2011 anhaltende Dürre in Somalia, Kenia und Äthiopien zu mindestens 50.000 Toten[83]. Folgen anderer Dürren in Afrika sind nicht genau genug dokumentiert und außerdem von Kriegsfolgen überlagert. Erwähnt seien in diesem Zusammenhang aber noch Waldbrände, die u.a. in Kalifornien, dem Mittelmeergebiet und Australien in Hitze-/Trockensommern immer wieder katastrophale Ausmaße erreicht haben. Wiederum exemplarisch seien erwähnt[83]: 2007, Griechenland, 27 Tote, Schäden 2 Mrd. US$; 2009, Australien, 173 Tote, Schäden 1,3 Mrd. US$; 2010, Russland, 56.000 Tote (einschließlich als Folge der Hitze), Schäden 3,6 Mrd. US$; 2017, Portugal, 45 Tote, Schäden 0,5 Mrd. US$; Dezember 2017, USA, 30 Tote, Schäden 30 Mrd. US$; November 2018, USA (Kalifornien), 88 Tote (historischer Rekord), Schäden 16,5 Mrd. US$ (dort weitere verheerende Waldbrände auch 2019, zudem in Australien, 2018 auch im Mittelmeergebiet). Global gesehen lässt sich im Detail zwar sehr uneinheitlich, aber grob vereinfacht doch feststellen, dass bei der Temperatur Hitzewellen und beim Niederschlag einerseits Dürren und andererseits Starkniederschläge offenbar häufiger und intensiver werden, ohne dass dies derzeit genau quantifiziert werden kann. Jedoch ist in Deutschland außer den Dürren in den Hitzesommern 1976, 1983, 2003 und 2018/2019 auffällig, dass dies teilweise schon im Frühjahr auftritt, so z.B. im extrem niederschlagsarmen April 2020. Auf die Folgen der Erwärmung in Gebirgs- und Polarregionen wird im folgenden Kapitel (Kap. 13), im Rahmen der Auswirkungen des Klimawandels, einzugehen sein.

Zuvor muss jedoch noch das Phänomen „Sturm“ beleuchtet werden. Es gibt dabei vier Größenordnungen, die zur Klassifikation herangezogen werden können[115]:

- Kleintrombe („Staubteufel“), Durchmesser und Vertikalerstreckung einige Meter, Lebensdauer einige Minuten;
- Tornado („Windhose“, „Wasserhose“), Durchmesser des Windfelds 100–200 m, des sichtbaren „Wolkenschlauchs“ einige Meter, Vertikalerstreckung in Verbindung mit dem Wolkentypus Cumulonimbus einige Kilometer, Lebenszeit einige Stunden;
- Sturmtief (der mittleren Breiten), Durchmesser im Mittel um 1.000 km, Vertikalerstreckung ganze Troposphäre (das bedeutet in mittleren Breiten je nach Jahreszeit ca. 8–12 km), Lebenszeit 1–2 Wochen;
- Tropischer Wirbelsturm (Hurrikan, Taifun, „Willy-Willy“), Durchmesser ca. 500–1.000 km (sog. Auge, d.h. wolkenfreie Zone im Zentrum, ca. 15–30 km), Vertikalerstreckung ganze Troposphäre (dies bedeutet in den Tropen ca. 17 km), Lebenszeit einige Tage, wobei Hurrikane u.U. in abgeschwächter Form als Tiefdruckgebiete Europa erreichen können und dann eine entsprechend längere Lebenszeit haben.

Kleintromben sind als wandernde „Sandsäulen“ sichtbar und völlig ungefährlich. Dagegen sind Tornados extrem gefährlich, da sie die höchsten Windgeschwindigkeiten erreichen, die bodennah auftreten können. Ihre größte Häufigkeit haben sie im Inneren der kontinentalen USA (über 1.000 pro Jahr). In Deutschland liegt ihre Zahl bei ca. 10–20 pro Jahr, es können in manchen Jahren aber auch ca. 30 sein. Klassifiziert werden sie nach der Fujita-Windskala von F0 bis F5. Die in Deutschland bisher beobachteten kräftigsten Tornados entsprachen mit einer Ausnahme F3, wobei nach dieser Skala Windgeschwindigkeiten von mehr als 256 km/h auftreten. Diese Ausnahme ist mit F4 1968 in Pforzheim beobachtet worden. Hinsichtlich der Windgeschwindigkeiten sind es bei F4 mehr als 335 km/h und bei F5 (davon gibt es in den USA mehrere pro Jahr) mehr als 421 km/h. Dort wurde auch die bisher höchste Windgeschwindigkeit überhaupt gemessen: 486 km/h im Mai 1999 in Oklahoma, USA (vgl. Kap. 2, Tab. 2). Zum Vergleich: Die allgemein übliche Beaufort-Windskala definiert ab Bft9 Sturm, bei > 75 km/h, und ab Bft12 Orkan, bei > 188 km/h. Die tropischen Wirbelstürme werden im Nordatlantik als Hurrikan, im Pazifik als Taifun und im Indischen

Ozean in der Nähe von Australien als „Willy-Willy“ bezeichnet. Für Hurrikane benutzt der US-amerikanische Wetterdienst die Saffir-Simpson-Windskala, die von SS0 bis SS5 geht. Ab SS1 herrscht Orkan und die Hurrikane erhalten in alphabetischer Reihenfolge Namen (ähnlich auch im Pazifik). SS2 beginnt bei > 153 km/h, SS3 bei > 178 km/h, SS4 bei > 211 km/h und SS5 bei > 250 km/h. SS0 wird bereits als tropischer Wirbelsturm erfasst, nicht als Hurrikan und dementsprechend nicht benannt.

Die spannende Frage ist nun, ob die Häufigkeit solcher Sturmphänomene im Zuge des Klimawandels schon gestiegen ist und ggf. weiter steigen wird. Da Tornados sehr kleinräumig sind, liegen keine über ausreichend lange Zeitspannen gesicherten Beobachtungen vor. Die überwiegende Meinung der Wissenschaftler ist, dass sie dank ständig verbesserter Beobachtungsmöglichkeiten heute häufiger festgestellt werden, es aber fraglich ist, ob sie tatsächlich häufiger werden. Prinzipiell wäre das durchaus möglich, da die untere Atmosphäre wärmer wird, die obere aber nicht und es spätestens in der Stratosphäre sogar kälter wird (vgl. Abb. 28). Dies macht die Troposphäre labiler (wie in Kap. 6 erklärt). Zudem führt die Erwärmung zu größerer Verdunstung, vor allem über den Ozeanen. Beides begünstigt Unwetter wie Gewitter, Hagel und Tornados (vgl. erneut Kap. 6). Solange solche Vermutungen aber nicht durch Beobachtungen eindeutig bestätigt werden, muss die Frage nach Häufigkeitsänderungen allerdings offen bleiben. Über Sturmtiefs in mittleren Breiten gibt es Veröffentlichungen, die behaupten, diese seien häufiger geworden, aber auch andere, die dem widersprechen. Somit ist auch die Häufigkeitsfrage für Sturmtiefs bis auf weiteres unbeantwortet. Lediglich für nordatlantische tropische Wirbelstürme (Hurrikane) gibt es verlässliche Indizien, dass sich deren Häufigkeit ändert. Am überzeugendsten ist der Befund, dass die Stärkeren auf Kosten der Schwächeren zunehmen. Eine Häufigkeitszunahme insgesamt wäre ebenfalls plausibel, da die wichtigste Bedingung für das Entstehen tropischer Wirbelstürme – stets über den tropischen Ozeanen – eine relativ hohe Wasseroberflächentemperatur von mindestens 27 °C ist. Da sich mit den Landgebieten auch die tropischen Ozeane erwärmen, vergrößert sich das potentielle Entstehungsgebiet solcher Wirbelstürme, was neben der für den tropischen Atlantik nachgewiesenen Intensitätssteigerung auch zu einer Häufigkeitszunahme führen könnte. Abb. 32 scheint dies zu beweisen. Nimmt man jedoch die Taifune (Pazifik) und „Willy-Willies“ (Indischer Ozean) hinzu, sind die meisten Sturm-Experten der Ansicht, dass eine systematische Häufigkeitszunahme (noch?) nicht mit ausreichender statistischer Sicherheit nachgewiesen werden kann.

Wie sieht nun aber die Zukunft von Extremereignissen aus? Was sagen die Klimamodelle dazu? Leider ist es so, dass dabei die Unsicherheiten noch zunehmen. Wegen der Gitterstruktur der Modelle und der damit verbundenen begrenzten räumlichen Auflösung, insbesondere der globalen Modelle, können beispielsweise Tornados gar nicht erfasst werden (zu kleinräumig). Auch in zeitlicher Hinsicht

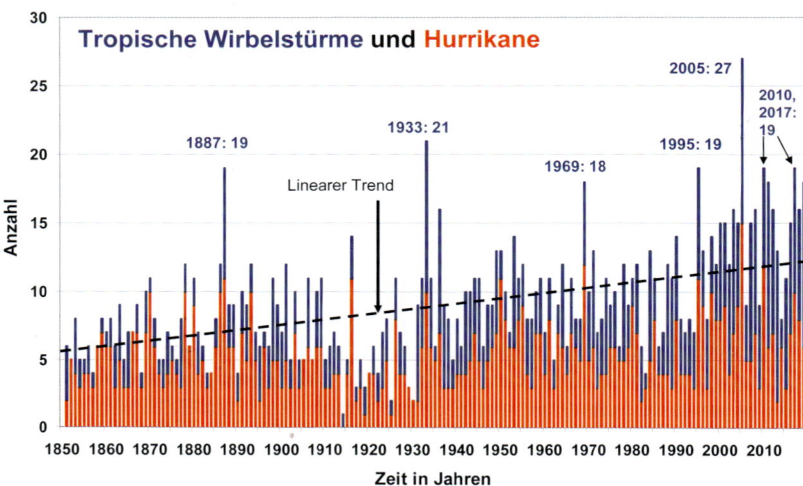

Abb. 32. Anzahl der tropischen Wirbelstürme, blau, mit Anteil der Hurrikane, rot, 1850–2019 im Nordatlantik; Datenquelle NOAA[85], bearbeitet. Betroffen davon sind vor allem die Karibik und die USA. Ein deutlich ansteigender Trend (gestrichelte schwarze Linie) ist erkennbar.

gelten bei Klimamodellen ja nur die dekadischen (auf mehrere Jahrzehnte bezogenen) Statistiken als hinreichend verlässlich, nicht jedoch die Momentanwerte. Somit können diese langfristige und großräumige Temperaturtrends gut simulieren, aber bei den Niederschlagtrends ist es schon deutlich unsicherer. Ob die Modelle jedoch hinsichtlich Extremereignissen belastbar sind, ist fraglich. Am besten gelingt das bei diesen Modellen noch für die Temperatur, insbesondere, was häufigere und intensivere Hitzesommer in Europa betrifft. Für den Niederschlag wird allgemein[54] vermutet, dass fatalerweise dort, wo es jetzt schon wenig Niederschlag gibt, dieser noch weiter zurückgehen wird, was sich in häufigeren Dürreperioden zeigen sollte – und dort, wo bereits jetzt viel Niederschlag fällt, dieser weiter zunehmen könnte. Dabei sind häufigere und intensivere Starkniederschlagsereignisse zumindest möglich.

Auch wenn die Frage, ob es in Zukunft mehr bzw. intensivere Extremereignisse geben wird, bei seriöser Bewertung der vorliegenden Klimamodellprojektionen nicht sicher beantwortet werden kann – mit Ausnahme sommerlicher Hitzewellen – ist es im Sinne verantwortungsvollen Handelns angebracht, sich auf eine zunehmende Anzahl von Extremereignissen einzustellen; denn möglich ist dies allemal. Vor den Handlungsoptionen der Klimapolitik (Kap. 14) sollen jedoch zunächst die bereits festgestellten und auch in Zukunft wahrscheinlichen Auswirkungen des Klimawandels beleuchtet werden (Kap. 13).

13 Auswirkungen des Klimawandels

Bereits in historischer und sicherlich auch in prähistorischer Zeit hat es vielfältige Auswirkungen des Klimawandels gegeben. Wir beschränken uns hier jedoch auf das Industriezeitalter, wegen der guten Dokumentation des Klimawandels und auch etlicher seiner Auswirkungen in dieser Zeit. Dabei stehen insbesondere die „globale Erwärmung" und ihre regionalen Ausprägungen seit ca. 1850 (vgl. Kap. 10 und 11; Anthropozän) im Blickpunkt, aber auch die damit verbundenen Änderungen der Niederschlagsmenge und die Extremereignisse von Temperatur, Niederschlag und Wind bzw. Sturm (vgl. Kap. 12). Soweit belastbare Klimamodellprojektionen vorliegen, sollen auch mögliche Auswirkungen in der Zukunft betrachtet werden, i.a. bis ins Jahr 2100 bzw. den Jahrzehnten davor (vgl. Kap. 11).

Welche Arten von Auswirkungen können das sein? Wenn wir vom bisher beobachteten Klimawandel in der *Atmosphäre* ausgehen sowie den entsprechenden Modellprojektionen für die Zukunft, so kommen vor allem folgende Bereiche in Frage:

- Ozean
- Meereis
- Landeis (Grönland, Antarktis, Gebirge)
- Ökosysteme
- Wirtschaft
- Ernährung und Gesundheit
- Konflikte und sonstige soziale Belange

Der Ozean reagiert mit seiner Meeresspiegelhöhe. Es gibt aber auch Reaktionen der Meeresströmungen, bei denen wir es häufig mit atmosphärisch-ozeanischen Wechselwirkungen zu tun haben (vgl. z.B. El Niño, Kap. 6). Doch unter ganz speziellen Aspekten kann durchaus von Reaktionen der Meeresströmungen auf den Klimawandel gesprochen werden. Meereis und Landeis reagieren mit ihrer Flächenausdehnung und Schichtdicke, Ökosysteme in ihrer Artenzusammensetzung. In der Wirtschaft können Schäden auftreten, Ernährung und Gesundheit können beeinträchtigt werden, bis hin zu Hungersnöten und Todesfällen; Konflikte können verstärkt oder sogar ausgelöst werden, bis hin zu kriegerischen Auseinandersetzungen.

Zunächst zum *Ozean*. Erwärmungen globalen Ausmaßes lassen die Höhe des *Meeresspiegels* ansteigen. Eine wichtige Informationsquelle dafür ist die Commonwealth Scientific and Industrial Research Organization (CSIRO)[20] in Australien. Nach den dort verfügbaren Informationen ist die global gemittelte Meeresspiegelhöhe von 1880 bis 2019 um 25 cm angestiegen. Das IPCC[54] gibt für den Zeitraum 1901–2010 einen Anstieg um 19 cm mit einer Unsicherheit von ± 2 cm an. Dabei gibt es deutliche Hinweise auf eine Beschleunigung, nach IPCC von

1,7 mm/Jahr in der Zeit 1901–2010 auf 3,2 mm/Jahr 1993–2010. Die NOAA[85] gibt für 1993-2019 einen Trend von 9 cm an, was 3,3 mm/Jahr entspricht. Zudem ist der Meeresspiegelanstieg regional unterschiedlich, wobei u.a. von Bedeutung ist, ob die jeweiligen Küsten sehr langfristig absinken (wie z.B. in Bangladesh) oder ansteigen (wie z.B. in Skandinavien). Dies erhöht bzw. verringert den Meeresspiegelanstieg ein wenig. Die Faktoren, die zum Anstieg des Meeresspiegels zwischen 1993 und 2010 beitragen haben, sind nach IPCC[54]:

- die Thermische Expansion des Ozeans 39,3 %
- das Rückschmelzen von Gebirgsgletschern 27,1 %
- das Rückschmelzen des Grönland-Eisschilds 15,4 %
- das Rückschmelzen des Antarktis-Eisschilds 9,6 %
- Die Änderung der in Landgebieten gespeicherten Wassermenge 8,6 %

Thermische Expansion bedeutet Ausdehnung aufgrund von Erwärmung; denn aufgrund eines allgemeinen Naturgesetzes dehnt sich Materie bei Erwärmung aus (was wir u.a. bei der Temperaturmessung mit dem Quecksilberthermometer ausnützen). Und dies macht auch der Ozean, wobei auf die atmosphärische Erwärmung vor allem sein oberer Teil reagiert (der sog. Mischungsschichtozean, der eine Mächtigkeit von im Mittel ca. 50–100 m hat). Wenn die Land-Wasserspeicherung einen positiven Beitrag zum Meeresspiegelanstieg beiträgt, bedeutet das einen erhöhten Wassereintrag ins Meer durch Flüsse, was auf regional erhöhte Niederschlagsmengen, aber auch Wasserverlust von Seen zurückzuführen sein kann. Dass Erwärmung Eismassen zum Schmelzen bringt und dann durch Schmelzwasserzuflüsse in den Ozean den Meeresspiegel ansteigen lässt, dürfte klar sein. Ganz einfach ist aber auch das nicht, weil zusätzlich der Niederschlag eine Rolle spielt. So trägt erhöhter Niederschlag in Form von Schnee zum Eiswachstum bei. Letztlich kommt es auf die Massenbilanz des Eises (Wachstum minus Schmelzen) an. Lange dachte man, dass zwar das Rückschmelzen des Grönland-Eisschilds wegen der dort relativ hohen Temperaturen plausibel ist, aber wegen der extrem tiefen Temperaturen in der Antarktis dort eher die Akkumulation von Eis zu erwarten ist, also nur der Schnee-Niederschlag wesentlich zu Buche schlägt. Aber auch dort zeigen neueste Messungen eine dramatische Zunahme des Rückschmelzens (näheres später). In Zukunft erwartet das IPCC[54] beim höchsten Szenario (RCP8.5, vgl. Tab. 11 in Kap. 11) zwischen 2081–2100 (wiederum gegenüber 1986–2005) einen weiteren Anstieg der Meeresspiegelhöhe um 45–82 cm, beim niedrigsten Szenario (RCP2.6) um 26–55 cm. Kritiker, die der Ansicht sind, diese Abschätzungen seien viel zu niedrig, u.a. weil die Beschleunigung der Eisschmelze in Grönland und der Antarktis zu wenig berücksichtigt sei, kommen auf alternative Werte[96] von rund 1–2 m (ebenfalls für 2081–2100). In einem Sonderbericht (2019) hat das IPCC[55b] die RCP8.5-Abschätzung (vgl. oben) auf 51–92 cm erhöht.

Was die Reaktion von *Meeresströmungen* auf den Klimawandel betrifft, so wird vor allem diskutiert, ob und wie der *Nordatlantikstrom* (ein Ausläufer des Golfstroms, vgl. Abb. 7) auf die „globale Erwärmung" der Atmosphäre reagiert. Es ist bereits erwähnt worden, dass man bei dieser Meeresströmung von der „Warmwasserheizung" Europas sprechen kann und dass deren Blockade beim Übergang von der letzten (Würm-) Kaltzeit ins Holozän (vgl. Kap. 9) zu einem drastischen Kälteeinbruch im Bereich des Nordatlantiks und Europas geführt hatte (Jüngere Dryas-Zeit). Auch ist bereits erwähnt worden, dass dies durch den Süßwasserzufluss aufgrund von Eisschmelze, damals vor allem des Laurentidischen Eisschilds (Nordamerika), verursacht worden ist, weil Süßwasser den Salzgehalt und somit die Dichte des Meerwassers verringert. Die Dichte, bzw. Dichteunterschiede sind aber (vgl. Kap. 6) der wesentliche Antrieb der Zirkulation, die im Ozean – wie ebenfalls schon erwähnt – thermohalin ist, d.h. von Temperatur und Salzgehalt abhängt. Sinkt also wegen starken Schmelz- und somit Süßwasserzuflusses die Dichte des Ozeanwassers deutlich ab, so kann das im Extremfall im Nordatlantik zu einer Blockade des Absinkens des Meerwassers im Bereich der in Abb. 7 markierten Regionen und somit des gesamten Nordatlantikstroms führen. In der Fachwelt spricht man von der atlantischen meridionalen Overturning-Zirkulation (AMOC), wobei meridional Nord-Süd- bzw. Süd-Nord-Richtung bedeutet. Mit „Overturning" ist die Koppelung von oberflächennaher Strömung, Absinken (sog. Tiefenwasserbildung) und Rückströmung in der Tiefe gemeint.

Leider existieren keine Langzeit-Messungen der Geschwindigkeit des Nordatlantikstroms. Trotzdem gibt es seit einiger Zeit Vermutungen, dass sich diese verringert[54,93,97]. Jüngst (2018) sind zwei Studien veröffentlicht worden[13,133], die versucht haben, indirekt auf das Verhalten des Nordatlantikstroms zu schließen. Die erste Studie[13] nahm die beobachteten Temperaturtrends der Meeresoberflächentemperatur als Grundlage, dabei insbesondere eine Abkühlung südlich von Grönland und eine gleichzeitige Erwärmung weiter westlich an der nordamerikanischen Küste. Diese Beobachtungen konnten durch ein System von Klimamodellrechnungen reproduziert werden. Und daraus schließen die Autoren, dass sich die AMOC seit ungefähr 1950 um 15 % abgeschwächt hat. Die andere Gruppe[133] weist anhand paläoklimatologischer Indizien darauf hin, dass die AMOC bereits seit 1880 schwächer ist als jemals in den letzten 1.600 Jahren. Damit bestätigen sich die früheren Vermutungen. Was nun die zukünftige Entwicklung betrifft, so sind allerdings die Unterschiede zwischen den diversen Modellrechnungen erheblich[54] und somit auch die Unsicherheit. Da der Schmelzwassereintrag beim Übergang von der letzten Kaltzeit ins Holozän (Kap. 9, Jüngere Dryaszeit) sicherlich sehr viel größer war als derzeit, sind die meisten Wissenschaftler der Meinung, dass eine totale AMOC-Blockade und damit des Nordatlantikstroms zumindest in den kommenden 100 Jahren sehr unwahrscheinlich ist, auch wenn zu diesem Effekt neben der Eisschmelze auch die Zunahme der Niederschlagsmenge beiträgt. Zudem haben frühere Modellrechnungen, in denen dieser Extremfall mit einem Klimamodell simuliert worden ist[36], gezeigt, dass die dadurch bewirkte Abkühlung im Wesentlichen auf den Nordatlantik beschränkt bleibt und in West- bis Mitteleuropa allenfalls die durch den anthropogenen Treibhauseffekt verursachte Erwärmung etwas abgeschwächt werden würde (um ca. 1 °C). Von einer neuen „Eiszeit" kann dabei keine Rede sein; die Südhemisphäre würde sich nach dieser Modellsimulation sogar erwärmen.

Das *Meereis* steht im Schwimmgleichgewicht mit dem Ozean; d.h. beim Gefrieren verdrängt es genau so viel Wasser wie es beim Auftauen wieder freisetzt. Daher hat es keinen Einfluss auf die Meeresspiegelhöhe. Während seine Ausdehnung im Bereich der Antarktis sich derzeit nur wenig verändert, geht sie im Bereich der Arktis dramatisch zurück. Dieser Rückgang wird für 1950–2011 im Jahresmittel mit rund 22 % angegeben[54], beträgt jedoch im September (Monat mit der jeweils minimalen Ausdehnung im Jahresgang) 44 %, bezogen auf 1980–2019, siehe Abb. 33. Darin ist zu erkennen, dass das bisherige Minimum 2012 mit rund 3,4 Mill. km^2 beobachtet wurde, gegenüber ca. 8 Mill. km^2 in den Jahren 1980 und 1996. Im September 2019 waren es rund 4,3 Mill. km^2. Von 1870 bis 1980 sind Jahreswerte um 13 Mill. km^2 dokumentiert. Dagegen sorgt der jüngste Rückgang im September für eine eisfreie Nordostpassage (an Grönland und dem Nordpol östlich vorbei Richtung Beringstraße) als auch Nordwestpassage (jeweils westlich an Grönland und dem Nordpol vorbei). Ökologen befürchten angesichts dieser Entwicklung Probleme für die Eisbärpopulation, die auf die Jagd vom Eis aus angewiesen ist. Ökonomen sehen dagegen Vorteile nicht nur für die Schifffahrt, sondern auch hinsichtlich günstigerer Zugänge zu Bodenschätzen, insbesondere Erdöl. Klimamodell-Zukunftsprojektionen lassen im krassesten Fall ab ungefähr 2050 im September eine völlig meereisfreie Arktis erwarten. Dabei bestehen allerdings große Unsicherheiten, so dass ein solcher Zustand auch erst etliche Jahrzehnte später eintreten könnte. Allem Anschein nach aber kommt ein solcher Zustand früher oder später auf uns zu.

Schwieriger sind die Bestimmung der Massenbilanz und insbesondere die Abschätzung des Langfristtrends für die *Inlandeise von Grönland und der Antarktis*. Fest steht, dass in beiden Fällen die Eismasse im Zentrum zu- und an den Rändern abgenommen hat. Dabei überwiegt in Grönland der Eisrückgang, weil am Eisrand die Anzahl der Tage an denen Eis abschmilzt erheblich zugenommen hat. In der Antarktis ist lange Zeit eher ein Eiszuwachs als ein Verlust angenommen worden. Das hat sich neuerdings dramatisch verändert, insbesondere hinsichtlich der Westantarktis. Daher gibt das IPCC[55b] in seinem bereits erwähnten Sonderbericht (2019) für 2006–2015 folgende Eisverluste an: Grönland 278 ± 11 Gt/Jahr, Antarktis 155 ± 19 Gt/Jahr (zum Vergleich: Gebirgsgletscher weltweit 220 ± 30 Gt/Jahr). Ein totales Abschmelzen des Antarktis-Festlandeises ist angesichts der recht stabilen Situation in der Ostantarktis in absehbarer Zeit nicht zu erwar-

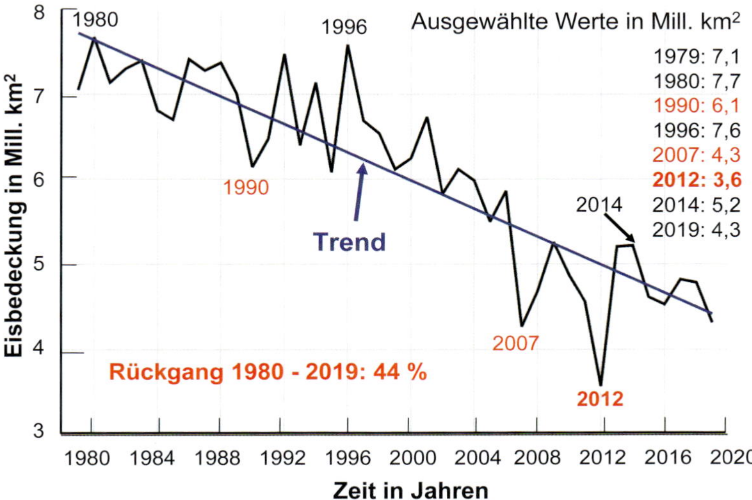

Abb. 33. Flächenausdehnung der arktischen Meereisbedeckung 1980–2019, jeweils im September (Minimum des Jahresgangs), nach NSIDC[86], Flächenangaben ergänzt.

ten, auch wenn in der Westantarktis die dortigen Schelfeise (Gletscher, die vom Festland aus schwimmend auf das Meer hinausreichen) im unteren Bereich als labil gelten und manche davon gelegentlich kollabieren. Anders ist das in Grönland, wo die Rückschmelze von den Rändern aus in Richtung Eismitte offensichtlich im Gang ist. Aber ein dortiges totales Abschmelzen würde je nach Modellrechnung einige Jahrhunderte, vielleicht aber auch mehr als ein Jahrtausend dauern. Wie bereits erwähnt, hat die Grönland-Eisschmelze zwischen 1993 und 2010 15,4 % zum Meeresspiegelanstieg beigetragen. In der Zukunft (2081–2100 gegenüber 1986–2005) könnten es 8–11 % sein, was 2–16 cm entspricht (IPCC[54]). Diese große Spanne verdeutlicht die quantitative Unsicherheit der Modellrechnungen. Jedoch gibt es in jüngster Zeit aufgrund von Beobachtungen und Berechnungen Vermutungen, dass die IPCC-Abschätzungen viel zu niedrig liegen, wie das ja auch beim künftigen Meeresspiegelanstieg insgesamt möglicherweise der Fall ist. Manche Polarforscher sind in diesem Zusammenhang darüber beunruhigt, dass sich offenbar unter dem Grönlandeis riesige Schmelzwasserflüsse gebildet haben. Das vollständige Abschmelzen des Grönlandeises würde einen Anstieg der Meeresspiegelhöhe um ca. 7 m bewirken (zusätzlich zu den sonstigen Effekten).

Dass die weitaus meisten *Gebirgsgletscher* auf dem Rückzug sind, in der letzten Zeit zum Teil in dramatischem Ausmaß Ausmaß (vgl. oben angegebene globale Schmelzrate 2006–2015 von 220 ± 30 Gt/Jahr[54c]), dürfte weithin bekannt sein;

siehe dazu das Beispiel Rhône-Gletscher (siehe Buchumschlag). In einer globalen Analyse ist festgestellt worden, dass die Länge der Gletscherzungen seit 1850 (dem letzten Maximum der „Kleinen Eiszeit“ (vgl. Kap. 9) ziemlich einheitlich um rund 1,5 km zurückgegangen ist[53]. Für die Alpengletscher haben Schweizer Glaziologen abgeschätzt, dass der Flächenverlust zwischen 1850 und 1975 rund 35 % betragen und sich bis 2000 auf 50 % erhöht hat[40a]. Sie befürchten, dass die Alpen bis 2050 bis auf wenige Reste eisfrei sein werden. Die Folge sind Probleme für die Wasserversorgung und vermehrte Hangrutsche und Murenabgänge im Bereich der immer weiter auftauenden Berghänge. Eindrucksvolle Vergleiche historischer Gletscherfotos mit neueren Aufnahmen bietet für Deutschland, Österreich und die Schweiz die Gesellschaft für ökologische Forschung an (Gletscherarchiv, siehe Internet-Liste im Anhang).

Ökosysteme sind regional sehr unterschiedlich sowie vielfältig wie Berichte über die Auswirkungen des Klimawandels darauf. Es ist daher hier auch nicht annähernd möglich, in Konkurrenz zu den vielen Publikationen darüber, davon einige in Buchform, zu treten. Dabei besteht das große Problem, dass sich der Einfluss des Klimawandels nur schwer bzw. kaum von anderen Einflüssen abgrenzen lässt. Prominentes Beispiel dafür ist das Artensterben und somit der Verlust von *Biodiversität*[81,131,132]. Global wird die Artenzahl auf rund 10 Millionen (±50 %) geschätzt, wovon nur ca. 2 Millionen Arten bekannt sind. Es wird vermutet, dass 20 Arten pro Tag aussterben[131]; es könnten aber auch über 100 pro Tag sein. Sicher ist, dass als Ursache nicht-klimatologische Einflüsse dominieren wie z.B. Waldrodungen, Landwirtschaft (einschließlich Schädlingsbekämpfung), Baumaßnahmen usw. Aus klimatologischer Sicht lässt sich mit einiger Sicherheit nur pauschal feststellen, dass Wärme liebende Arten von den Tropen und Subtropen in Richtung gemäßigte und subpolare Breiten im Vormarsch sind. Dies kann zu unerwünschter Konkurrenz mit einheimischen Arten führen. In den Gebirgen können Kälte liebende Arten bei Erwärmung nicht beliebig weit nach oben ausweichen. Ein weiteres Problem ist die Tatsache, dass es auf der Erde nur noch sehr wenige natürliche Ökosysteme gibt. Der weitaus größte Teil der Landfläche der Erde ist bebaut bzw. wird landwirtschaftlich genutzt.

Obwohl es durchaus Klimamodellrechnungen gibt, in denen die Bedeckung der Landflächen mit potentieller (natürlicher) Vegetation unter dem Einfluss des Klimawandels simuliert wird, soll stattdessen kurz auf einige *landwirtschaftliche Belange* eingegangen werden[15]. Dabei ist zunächst festzustellen, dass es je nach Pflanzen- und somit Anbauart einen optimalen Temperaturbereich gibt, der die höchsten Erträge verspricht. Der optimale Temperaturbereich liegt z.B. für Kartoffeln zwischen 15–20 °C, für Winterweizen zwischen 17–23 °C und für den Wärme liebenden, aber auch sehr „durstigen“ Mais zwischen 25–30 °C. Sind die Temperaturen höher, verengen sich die Stomata (Spaltöffnungen der Blätter), durch die der für die Photosynthese und somit Produktion von Biomasse

(Wachstum) notwendige Gasaustausch vor sich geht (CO_2-Aufnahme, O_2-Abgabe). Liegen die Temperaturen, je nach Pflanzenart, über ca. 30–35 °C, schließen sich die Stomata und die Biomassenproduktion wird eingestellt. Noch höhere Temperaturen können zum Zelltod, d.h. zum Absterben der Pflanze führen; dies geschieht bei den meisten Pflanzen im Temperaturbereich zwischen 35–45 °C. Die Minimaltemperatur für die Photosynthese liegt meist bei 4–6 °C[15,32]. Fröste während der Vegetationszeit führen zu Schäden insbesondere an den Blüten und daher zu späteren Ernteausfällen. Außerhalb der Vegetationszeit verkraften die an die Jahreszeiten angepassten Pflanzen durchaus erhebliche Fröste. Aber auch deren Toleranz ist je nach Art sehr unterschiedlich. Bei der Feige führen schon Temperaturen unter –8 °C zu Schäden, bei der Weinrebe unter –21 °C und bei der extrem frostverträglichen Lärche erst unter –60 bis –70 °C. Deshalb kann die Lärche selbst strenge Winter der sibirischen Taiga überleben.

Mindestens ebenso wichtig wie optimale Temperaturen ist ein ausreichender Bodenwassergehalt, der durch Niederschläge sichergestellt sein muss. Dieses Wasser benötigen die Pflanzen als Nährstoff-Transportmittel; beides transportieren sie über den Wurzelsog in die Pflanze. Anhaltende Trockenheit führt somit selbst bei optimaler Temperatur zum Absterben von Pflanzen. Während die Landwirtschaft keinen Einfluss auf die Lufttemperatur hat, ausgenommen bei speziellen Frostschutzmaßnahmen, kann dem Wassermangel durch Bewässerung entgegengesteuert werden. Diese hat aber ihre Grenzen, zum einen hinsichtlich der Wasserverfügbarkeit und landwirtschaftlichen Infrastruktur – insbesondere bei sehr großen Anbauflächen – zum anderen deswegen, weil es bei hohen Temperaturen durch starke Verdunstung an den Ackeroberflächen zur Versalzung des Bodens kommen kann. So kann die Landwirtschaft zwar durch Düngung, Bewässerung und auch Änderung der angepflanzten Arten dem Klimawandel in gewissen Grenzen gegensteuern, ist aber beispielsweise bei Hitze- und Dürresommern ziemlich machtlos. Da die Häufigkeit und Intensität von Hitzesommern in Deutschland bzw. Mitteleuropa mit hoher Wahrscheinlichkeit weiter zunehmen wird (vgl. Kap. 12) und die sie verursachenden Hochdrucklagen generell niederschlagsarm sind (von ggf. kleinräumigen Starkniederschlagsereignissen abgesehen), nimmt mit der Hitze- auch die Dürregefährdung zu. Sollte bis 2100 die Temperatur in Europa um 3 °C ansteigen, was derzeit als wahrscheinlich angesehen wird, so würde laut neuester Klimamodellrechnungen die von Dürre betroffene Fläche um 40 % (±24 %) zunehmen und es wäre ein bis zu 42 % höherer Bevölkerungsanteil davon betroffen[105]. Anhaltende Dürre trifft die Landwirtschaft hart, insbesondere was den Getreide- und Maisanbau betrifft (vgl. Schadensabschätzungen für den Hitzesommer 2003, Kap. 12, und auch die Sommer 2018/2019). Ökologisch gesehen können beispielsweise Flüsse und sonstige Gewässer von Fischsterben bedroht sein, da mit der Wassertemperatur der Sauerstoffgehalt abnimmt. Ökonomisch gesehen ist u.a. die Energiewirtschaft betroffen, wenn nicht mehr ausreichend Kühlwasser zur Verfügung steht, und die Handelsschifffahrt wegen sinkender Pegelstände in den Flüssen. Die dramatische Mortalitätsrate ist anhand des Beispiels Hitzesommer 2003 auch schon genannt worden (Kap. 12), wobei vor allem ältere Menschen und Kleinkinder gefährdet sind. Nicht zu unterschätzen ist bei alledem die erhöhte Waldbrandgefahr.

Das IPCC (Arbeitsgruppe II, die sich mit den Auswirkungen des Klimawandels beschäftigt[55]) hat 1960–2014 beispielsweise bei Weizen, Reis und Mais weltweit Ertragseinbußen von einigen Prozent festgestellt. In Zukunft, und zwar bis 2100, zeigen ohne ertragssteigernde Maßnahmen etwa die Hälfte der genutzten Modelle Ernte-Einbußen um 5–25 %, die andere Hälfte wesentlich mehr bis zu regionalen Totalausfällen an. Zu den Temperatur- und Niederschlags- (also Dürre-) Auswirkungen kommt noch der Befall mit pflanzlichen und tierischen Schädlingen, der ebenfalls klimaabhängig ist, hinzu. Wie sich regional, beispielsweise in Deutschland, die wegen des Klimawandels temperaturbedingte Verlängerung der *Vegetationszeit* (Wachstumsphase der Kulturpflanzen) auswirkt, die im Südosten bei 30–50 Tagen, im Norden bei 70–100 Tagen liegt[15], lässt sich nicht sicher abschätzen. Wie bereits ausgeführt, hilft die Erwärmung bei Dürren gar nicht. Es kann aber auch sein, dass Pflanzen bei Erwärmung einfach früher reif sind, ohne dass es zu signifikanten Ertragssteigerungen kommt. Kulturwälder können sich wegen der langen Lebenszeit von Bäumen nur sehr langsam umstellen und anpassen[120]. Gefragt sind daher auf lange Sicht vor allem trockenheitsresistente Baumarten. Einer der wenigen Bereiche der Landwirtschaft, der vom Klimawandel profitiert, ist der Weinanbau, zumindest in Mittel-, Nordwest- und Nordeuropa. Allerdings ändert sich dabei die Rebsorteneignung. Es gibt eine Indexberechnung, die das erfasst. Auf dieser Grundlage zeigt Abb. 34, dass im Rheingau der beliebte Riesling schon jetzt nicht mehr die optimale Rebsorte für diese Region ist[117], sondern französische Sorten wie Chardonnay nun geeigneter sind. Diese Entwicklung wird sich fortsetzen.

Die *Fischereiwirtschaft* leidet mehr an Überfischung und Meeresverschmutzung, neuerdings vor allem durch Plastikmüll, als am Klimawandel. Aber es gibt Klimawandel-bedingte Wanderungsbewegungen der Fische. Und sollten die El-Niño-Ereignisse an der tropischen südamerikanischen Westküste häufiger eintreten, könnte darunter der Fischfang stärker leiden als bisher, weil warmes Wasser weniger nährstoff- und somit auch fischreich ist als Kaltwasser[1]. Der Ozean hat zudem ein ökologisches Problem, das in Zukunft immer gravierender werden könnte: Die Versauerung durch verstärkte CO_2-Aufnahme. Der pH-Wert, der dies anzeigt (7 ist der Neutralpunkt zwischen basisch und sauer; je geringer als 7, umso stärker die Versauerung), ist im Weltozean (mit regionalen Unterschieden) seit 1800 von 8,18 auf 8,07 zurückgegangen[67]. Dieser Rückgang ist noch sehr moderat. Aber bis 2100 könnte, je nach Szenario und Modellrechnung, der pH-Wert des Meerwassers um 0,14–0,35 pH-Einheiten zurückgehen[55]. Darunter leiden vor

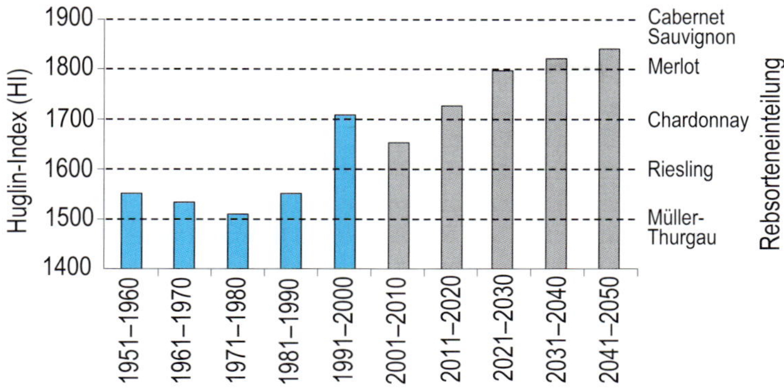

Abb. 34. Rebsorteneignung nach dem sog. Huglin-Index, der vor allem die Temperaturbedingungen berücksichtigt, im Rheingau, nach Schultz[117], verändert, hier nach Schönwiese[115].

allem kalkbildende Organismen wie z.B. Korallen, die im Übrigen auch zu hohe Wassertemperaturen nicht vertragen, obwohl sie an tropische Gegebenheiten angepasst sind.

Was die über die Landwirtschaft hinausgehende *Wirtschaft* betrifft, so spielen vor allem Extremereignisse eine Rolle. Daher kann hier auf Kap. 12 verwiesen werden, wo auf die daraus resultierenden wirtschaftlichen Schäden eingegangen worden ist. Dies ist sicherlich schon bisher sehr dramatisch. Die Abschätzungen für die Zukunft sind aus vielerlei Gründen sehr unsicher. Erwähnt sei hier vor allem der sog. Stern-Bericht[127] über die ökonomischen Folgen des Klimawandels. Der englische Mathematiker und Ökonom Nicholas Stern (*1946) war u.a. ab 2000 Chefökonom der Weltbank und ist seit 2003 Wirtschaftsberater der britischen Regierung. Er berichtet, welche wirtschaftlichen Kosten der anthropogenen CO_2-Emission zuzuschreiben sind. Da seine Zahlen erheblich von anderen Schätzungen abweichen, nicht zuletzt auch von den IPCC-Zahlen[53], sei hier nur seine Kernaussage zitiert: Wirtschaftliche Schäden durch den anthropogenen Klimawandel liegen zwischen 5–20 % des Weltsozialprodukts (das 2010 ungefähr 30 Billionen Euro betrug), Gegenmaßnahmen, also Klimaschutz, könnten diese Schäden mit einer sinnvollen Strategie begrenzen, wofür nur ca. 1 % des Weltsozialprodukts aufzuwenden wäre. Es ist somit auch aus ökonomischer Sicht sinnvoller, den anthropogenen Klimawandel durch geeignete Maßnahmen zu stoppen (soweit das so schnell möglich ist; vgl. dazu Kap. 14) bzw. zu begrenzen, als ihn unbegrenzt weiterlaufen zu lassen. Beim *Tourismus* wird es Verlierer und Gewinner geben. So könnte von der Erwärmung in Deutschland der Tourismus an Nord- und Ostsee profitieren, der Wintersport dagegen mehr und mehr unmöglich werden, zumal künstliche Beschneiung nicht immer möglich und nicht ganz unproblematisch ist.

Die *Ernährung* ist natürlich eng mit der Landwirtschaft (Ackerbau und Viehzucht) verknüpft. Gibt es dort Probleme, können Hungersnöte die Folge sein. Ein ganz besonderes Problem ist dabei die *Wasserversorgung*. Hier ist die Situation regional äußerst unterschiedlich[73]. In Deutschland ist das Klima über das Jahr gesehen humid und wird es in absehbarer Zeit auch bleiben; d.h. der Niederschlag ist höher als die Verdunstung. Nur in Hitze- und Dürresommern, manchmal auch im Frühjahr, kann es „Durststrecken" geben, wenn der Niederschlag längere Zeit ausbleibt. In semi- und vollariden Klimazonen (d.h. die Verdunstung ist entweder in einigen Monaten oder aber ganzjährig höher als der Niederschlag) wie z.B. im Mittelmeergebiet, insbesondere aber Nord- und Südafrika, gibt es jetzt schon erhebliche Probleme. Nach einem Bericht des Wissenschaftlichen Beirats für Globale Umweltveränderungen der deutschen Bundesregierung[140a] haben derzeit 1,1 Mrd. Menschen keinen Zugang zu sauberem Trinkwasser. Und diese Situation wird sich verschärfen. Damit wird die Notwendigkeit Meerwasser zu entsalzen immer dringlicher werden. Die Mittelmeerregion ist seit jeher sommertrocken. Ausreichende Trinkwasserversorgung der Bevölkerung und Bewässerung in der Landwirtschaft wird deswegen dort immer problematischer, weil dort nun auch im Winter der Niederschlag zurückgeht und die Wasserreserven schrumpfen.

Was die menschliche Gesundheit betrifft, so war im Zusammenhang mit Extremereignissen (Kap. 12) bereits von *Todesfällen* die Rede, die u.a. durch Hitzewellen verursacht werden. Neben dem europäischen Hitzesommer 2003 (näheres in Kap. 12) ist dabei noch erwähnenswert, dass im Mai/Juni 2010 selbst in Indien und Pakistan auf diese Weise 3.670 Tote als Opfer einer Hitzewelle abgeschätzt worden sind[83], obwohl man meinen könnte, dass die Bewohner solcher tropischen Regionen an die Hitze angepasst sind. Auch die Zahl von ca. 56.000 Toten im Sommer 2010 in Russland ist schon erwähnt worden (Kap. 12); hierin sind allerdings auch Todesfälle durch Waldbrände enthalten. Klar ist, dass die menschliche Gesundheit durch Hitze stärker gefährdet ist als durch Kälte – wobei es selbstverständlich leider auch bei extremer Kälte Todesfälle gibt, aber insgesamt sehr viel weniger –, und weil man sich vor Kälte besser schützen kann (Kleidung, Heizung) als vor Hitze und dass die Hitzegefährdung in Zukunft zunehmen wird. Ebenso klar ist, dass die Städte wegen der zusätzlichen „Wärmeinsel" (Städte sind generell wärmer als ihr Umland) besonders gefährdet sind. Dies ist generell auch bei kranken Menschen der Fall (z.B., wenn sie Kreislaufprobleme haben); zudem sind ältere, aber auch sehr junge Menschen, besonders gefährdet, deren physiologische Wärmeregulation nicht mehr bzw. noch nicht effektiv genug ist. Auch die schätzungsweise 50.000 Toten in Folge einer lange anhaltenden Dürre in Afrika (u.a. Somalia, Kenia, Äthiopien)[83] sind hier einzuordnen.

Wenn Menschen durch Extremereignisse direkt zu Tode kommen, ist der Zusammenhang leider allzu klar. Die höchsten Opferzahlen sind das Resultat von Erdbeben bzw. Tsunamis, die allerdings mit dem Klimawandel nichts zu tun haben (Rekordhalter seit 1900 ist die Zahl von 170.000 Toten beim Tsunami in der Weihnachtszeit 2004 in Südostasien und Indonesien; vgl. Kap. 12.). Klimabedingt sind, nach Hitzewellen und Dürren, die meisten Toten durch tropische Wirbelstürme zu beklagen, wobei der traurige Rekord bisher (seit 1900) bei 6.235 liegt, und zwar im November 2013 während des Taifuns Haiyan auf den Philippinen[83,84]. Es folgen in diesen traurigen Bilanzen Todesfälle durch Überschwemmungen. Die menschliche Gesundheit ist schließlich klimabedingt durch Unterernährung, verseuchtes bzw. zu wenig Wasser und Krankheiten gefährdet. Unterernährung, aufgrund zu geringer Nahrungsmittelversorgung als Folge von landwirtschaftlichen Engpässen bzw. Ausfällen, ist vor allem ein Problem der Entwicklungsländer, insbesondere in Afrika und Teilen Asiens. Von einigen Krankheiten, die sich klimabedingt ausbreiten, sind aber auch die Menschen in Europa betroffen. Ohne hier in die Details gehen zu können, sei die Tatsache erwähnt, dass als Folge der Erwärmung einige Krankheitserreger nach Deutschland eingewandert sind, die hier bisher unbekannt waren, zum Teil vom mediterranen Raum her über die Alpen, zum anderen Teil auch von Südostasien her[121a]. Dazu gehören die asiatische Tiger- und die asiatische Buschmücke. Andere Vektoren (so nennt man die Erregungsträger, vor allem Stechmücken) breiten sich u.a. von Deutschland her nach Norden aus, so auch nach Skandinavien[56], oder dringen in immer höher gelegene Regionen vor. Dazu gehört z.B. die Zecke. Wieder andere Erreger, die lokal auftreten, werden häufiger. So haben Fachleute abgeschätzt, dass sich bis 2080 die Anzahl tropischer Malariafälle in etwa verdoppeln könnte, die Anzahl ektropischer (außertropischer) Malariafälle (Malaria tertiana) sogar verdreifachen, wobei jeweils Millionen von Menschen betroffen sind[78].

Ein weiteres Problem des Klimawandels sind die *Auswirkungen an den Küsten*[109], die teils wirtschaftlicher und ökologischer und teils *sozioökonomischer Natur* sind. So werden als Folgen des Meeresspiegelanstiegs[128] genannt: stärkere Hochwasserwellen bei Sturmfluten, Küstenerosion und -rückzug, steigende Grundwasserspiegel und landeinwärts vordringendes Salzwasser. Soziologisch kann es daher in folgenden Bereichen zu Beeinträchtigungen kommen[128]:

- Wohnen an der Küste
- Gesundheit und Sicherheit
- Landwirtschaft
- Wasserwirtschaft
- Fischerei und
- Tourismus

Dies allerdings mit recht unterschiedlichem Grad der Betroffenheit. Als ganz besonders brisantes Problem gilt der Anteil der an flachen Küsten wohnenden Menschen[128]. Dies sind auf den Malediven 100%, auf den Bahamas 80 %, in Bahrain und Surinam jeweils 78 %, in den Niederlanden 60 % usw., in Bangladesh immerhin noch 39 %. Sollte der globale Meeresspiegelanstieg bis zum Jahr 2100 in die Größenordnung von 1 m kommen, was durchaus möglich ist, kommen selbst konventionelle Schätzungen auf eine Größenordnung von einer Milliarde betroffener Menschen, da viele Großstädte in Küstennähe liegen. Dabei zeichnet sich das Gespenst der sog. „Klimaflüchtlinge" ab, die es auch jetzt schon gibt, wenn auch bisher mehr aus (teilweise sehr wohl klimabedingten aber) wirtschaftlichen Gründen und bisher sicherlich die nicht-klimabedingte Migration bei weitem überwiegt, meist wegen kriegerischer Auseinandersetzungen und Misswirtschaft. Zu den sozialen Folgen des Klimawandels müssen schließlich auch inner- und zwischenstaatliche Konflikte gezählt werden, ausgelöst beispielsweise beim Kampf um die Wasserressourcen[73], die im Extremfall kriegerisch sein können.

Ein ganz spezielles und brisantes Problem im Zusammenhang mit den Auswirkungen des Klimawandels sind die sog. *Kippschalter-Prozesse* (Tipping Point Processes)[70]. Darunter versteht man, dass ab Erreichen einer bestimmten, aber leider nur selten genau bekannten Schwelle der globalen Erwärmung, Prozesse in Gang kommen, die sich dann kaum oder sogar überhaupt nicht mehr aufhalten lassen. Das Prinzip ist, kurz gesagt, das folgende: Ein Einfluss, z.B. die anthropogene Erwärmung, überführt ein stabiles System in einen labilen Zustand. Dann bedarf es nur noch eines kleinen Anstoßes, der sog. Kippschalter wird erreicht, und das System bewegt sich mehr oder weniger unaufhaltsam auf einen neuen stabilen Zustand hin. Als die wichtigsten Systeme, die von Kippschalterprozessen bedroht sind, gelten[70]:

- Meereisbedeckung der Arktis im Sommer (Verschwinden)
- Grönland-Eisschild (Schmelzen)
- Westantarktisches Schelfeis (Schmelzen)
- Nordatlantikstrom (Abschwächung bzw. Blockade)
- El-Niño/Südliche Oszillation (größere Amplitude und somit Stärke der El-Niño-Ereignisse)
- Indischer Sommermonsun (starke Abschwächung)
- Amazonas-Regenwald (Kollaps)
- Permafrost (Auftauen und damit Verstärkung des Treibhauseffektes)

Einige dieser Prozesse sind bereits genannt und charakterisiert worden, wobei auch Rückkopplungen eine Rolle spielen. Bei der arktischen Meereisbedeckung ist der Kipppunkt (Tipping Point, ab dem der Kippschalterprozess in Gang kommt) offenbar schon erreicht, beim Grönland-Eisschild sind wir möglicherweise nicht mehr weit davon entfernt. Diskutiert werden dabei Größenordnungen von ca. 2 °C globaler Erwärmung, bei anderen Kippschaltern wahrscheinlich einiges mehr. Leider haben wir es hier wieder einmal mit großen Unsicherheiten zu tun, aber gerade deswegen auch mit großen Risiken.

14 Klimaschutz und Klimapolitik

Der Mensch ist im Industriezeitalter (Anthropozän) mehr und mehr zum dominanten Klimafaktor geworden. Der aktuell beobachtete Klimawandel wird sich mit großer Wahrscheinlichkeit in Zukunft fortsetzen, einschließlich der Risiken, die mit den Auswirkungen des Klimawandels zusammenhängen. Daraus kann man eigentlich nur eine Konsequenz ziehen: handeln. Man kann dies auch dramatischer ausdrücken: Der Klimawandel schreit danach zu handeln. Es sei in diesem Zusammenhang daran erinnert, dass selbst Ökonomen, die sich mit den Kosten des Klimawandels beschäftigen (vgl. Kap. 13), zu dem Schluss kommen, dass ein solches Handeln wesentlich kostengünstiger ist als langfristig die Kosten des weiterhin ungebremst weiterlaufenden Klimawandels in Kauf zu nehmen.

Wie aber kann bzw. muss ein solches Handeln aussehen? Dazu gibt es zwei Aspekte:

- Anpassung an den schon nicht mehr vermeidbaren weiteren Klimawandel;
- Vorsorge, um diesen weiteren Klimawandel in erträglichen Grenzen zu halten.

Zusammenfassend wird dabei meist von *Klimaschutz* gesprochen. Um spitzfindigen Fehlinterpretationen vorzubeugen: Dabei soll natürlich nicht das Klima geschützt werden, sondern wir Menschen und mit uns alles Leben auf der Erde (Biosphäre) sollen vor für uns ungünstigen Klimabedingungen geschützt werden, insbesondere, was den weiteren anthropogenen Klimawandel betrifft. Die *Anpassung* wird aus zwei Gründen immer wichtiger: Zum einen, weil der Klimawandel mit erheblicher Zeitverzögerung gegenüber den Ursachen, hier dem Klimafaktor Mensch, eintritt, zum anderen, weil die Vorsorgeoptionen der Klimapolitik bisher sehr zu wünschen übrig lassen. Was die Zeitverzögerung betrifft, so gibt es leider, wie so oft in der Klimaforschung, quantitative Unsicherheiten. Aber bei den Landgebieten dürfte die Zeitverzögerung zwischen Ursache und Effekt in der Größenordnung von einigen Jahrzehnten liegen, bei der Meeresspiegelhöhe könnten es einige Jahrhunderte sein. Das heißt: Erst dann treten die Klimafolgen ein, die wir heute durch unser Tun anstoßen. Das Klima hat sozusagen einen langen Bremsweg, im Gegensatz zur Luftverschmutzung. Wir können uns dies anhand von Analogien vor Augen führen: Ein Auto hat, je nach Geschwindigkeit und Technik, einen Bremsweg von wenigen Metern. Analog kann man die Schadstoffbelastung der Luft wegen der Kurzlebigkeit der dafür verantwortlichen Substanzen innerhalb von Tagen und Monaten wesentlich verringern. Die Eisenbahn hat dagegen einen Bremsweg von etlichen hundert Metern. Analog dauert es eben Jahrzehnte bis Jahrhunderte, um den anthropogenen Klimawandel zu „bremsen" oder gar zu beenden. Daraus folgt eigentlich zwingend, dass wir bei diesem Problem keine weitere Zeit mehr verlieren sollten. Im Rahmen der Erörterung der Klimapolitik ist darauf zurückzukommen (siehe unten).

Die Anpassung an den schon nicht mehr vermeidbaren anthropogenen Klimawandel sollte, kurz zusammengefasst, u.a. folgende Maßnahmen beinhalten:

- Gesundheitsschutz hinsichtlich Hitze durch Klimaanlagen, insbesondere in Altersheimen, Kliniken und Schulen, sowie Hygiene und angepasstes Verhalten (u.a. genügend Getränke und Vermeidung körperlich anstrengender Arbeit bei Hitzewellen);
- Hitzeschutz auch durch planerische Maßnahmen, insbesondere in Städten und Ballungsräumen, durch ausreichende Grün- und Wasserflächen; Erhaltung von sog. Frischluftschneisen durch Verzicht auf dortige Bebauung;
- Gesundheitsschutz auch vor Überträgern von Krankheiten, die sich aufgrund der Erwärmung ausbreiten (z.B. Zecken), wieder auftreten (z.B. Malariaerreger) bzw. einwandern (z.B. von Tiger- und Buschmücke übertragene Krankheiten in Deutschland):
- Brandschutz, insbesondere im Wald, aber auch an Gebäuden, die von Waldbränden erfasst werden können (beim kombinierten Auftreten von Hitze und Dürre);
- Hochwasserschutz im Bereich von Flüssen aber auch noch immer häufig unterschätzten kleineren Bächen, durch Dämme, Bereithaltung von Spundwänden u.ä., Polder und Stauseen, einschließlich ausreichender Dimensionierung der Kanalisation und Sicherungsmaßnahmen an Gebäuden (Überflutungsschutz);
- Hangrutsch-, Muren- und Lawinenschutz im Gebirge, durch Baumaßnahmen und Erhaltung bzw. Anbau von „Bannwald", der die unterhalb davon liegenden Siedlungen schützen soll;
- Sturmflutschutz an den Küsten.

Unter Kostengesichtspunkten ist verständlich, wenn Kosten-Risiken-Analysen durchgeführt werden; d.h. man nimmt vermutlich selten auftretende Ereignisse wie örtliche Starkniederschläge bzw. Flusshochwässer bis zu einem gewissen Ausmaß in Kauf, um die Schutzmaßnahmen in Grenzen und somit finanzierbar zu halten. Man darf dabei aber nicht übersehen, dass die betreffenden Extremereignisse in Zukunft wahrscheinlich häufiger und intensiver werden. In anderen Fällen sind Schutzmaßnahmen kaum möglich, z.B. das Eindeichen von Inseln und Flussmündungsgebieten als Schutz vor dem ansteigenden Meeresspiegel.

Die Anpassung an den Klimawandel hat dennoch ihre Grenzen, d.h. sie kann nicht beliebig große Ausmaße annehmen, ohne uns zu überfordern. Zudem sind in manchen Fällen Anpassungen gar nicht möglich. Somit rückt die *Vorsorge* in den Blickpunkt, um den weiteren anthropogenen Klimawandel in erträglichen Grenzen zu halten. Da es sich dabei um eine große Vielfalt von Ursachen handelt (vgl. Kap. 11), ist dies sehr viel schwieriger als z.B. beim Schutz der stratosphärischen Ozonschicht, bei der nur eine relativ kleine Anzahl von Gasen eine Rolle spielt, auf die zudem ziemlich problemlos verzichtet werden kann. Entsprechend erfolgreich sind daher in diesem Fall auch entsprechende Schutzmaßnahmen. Im Fall des anthropogenen Zusatz-Treibhauseffekts kommt man nicht umhin, eine gewisse Rangfolge zu konzipieren, je nachdem, wie effektiv die jeweiligen Faktoren bzw. Gruppen von Faktoren sind. Dabei sind zu nennen:

- Weitgehende Substitution kohlenstoffhaltiger Energieträger (Kohle, Öl, Gas);
- Sparsamere und effizientere Energienutzung allgemein;
- Entsprechende Maßnahmen im Verkehrsbereich;
- Abfangen und Speichern von anthropogen emittierten Kohlendioxid (Carbon Capture and Storage, CCS);
- Vermeidung von Überdüngung in der Landwirtschaft (insbesondere, was die daraus resultierende Emission von Distickstoffoxid, N_2O, betrifft);
- Ökonomische Maßnahmen wie Verteuerung von klimaschädlichen Aktionen und umgekehrt finanzielle Förderung von klimafreundlichen Maßnahmen; Emissionshandel;
- Vegetationsschutz, insbesondere der Wälder, sowie Wiederaufforstungen.

Dabei sind noch nicht einmal alle klimawirksamen Spurengase erfasst (wobei z.B. beim Methan, CH_4, wenn man vom auftauenden Permafrostboden absieht, Maßnahmen wegen der Verknüpfung mit der Ernährung problematisch sind), geschweige denn alle klimarelevanten Vorgänge. Auch manches andere ist problematisch bzw. in seiner Effektivität fraglich, wie z.B. CCS und der Emissionshandel. Um den Überblick nicht zu verlieren, ist jedoch durchaus sinnvoll, sich auf das Wichtigste zu konzentrieren: CO_2 in Zusammenhang mit Energienutzung, Verkehr und Vegetation.

Bevor darauf näher eingegangen wird, dürfen die Vorschläge der Klima- oder Geotechnik (Geoengineering) nicht unerwähnt bleiben. Dabei werden im Wesentlichen zwei Gruppen von Maßnahmen diskutiert: CO_2 dauerhaft aus der Atmosphäre entfernen sowie der Erwärmung durch Eingriffe in den atmosphärischen Strahlungshaushalt entgegenwirken. Zur ersten Gruppe gehört der obengenannte Vegetationsschutz, zu dem es keine Gegenargumente gibt, der aber genau genommen keine technische Maßnahme ist. Weiterhin gehört dazu CCS, das aber aus mehreren Gründen problematisch ist. So ist der technische Aufwand zum Auffangen von emittiertem CO_2 groß und teuer und die Speichermöglichkeiten unsicher. Versuche, geeignete Erdlagerstätten zu finden, waren bisher wenig erfolgreich und werden bei der Bevölkerung mit Recht kritisch gesehen, weil fraglich ist, ob solche Erdlager „dicht“ sind und insbesondere bleiben. Für Alternativvorschläge, CO_2 in den unteren Ozean zu leiten, gilt ähnliches, wobei es in diesem Fall vielleicht sogar noch unsicherer ist, ob CO_2 dauerhaft dort bleibt. Die Idee, die CO_2-Aufnahmekapazität des Ozeans durch Eisendüngung (und somit erhöhtes Algenwachstum) zu erhöhen, ist ökologisch gefährlich und zudem wenig erfolgreich, wie einige Versuchsexperimente gezeigt haben. Aus CO_2 Zement bzw. Karbonat herzustellen ist angesichts des Mengenproblems ziemlich unrealistisch. Bei den Eingriffen in den Strahlungshaushalt steht die Idee im Vordergrund, die Stratosphäre mit Schwefeldioxid (SO_2) zu „impfen“, um über Sulfatpartikelbildung ähnliche Abkühlungseffekte wie bei Vulkanausbrüchen zu erzeugen. Dazu aber müsste ständig SO_2 mit Raketen in die Stratosphäre geschossen werden, was sehr teuer ist. Das daraus entstehende Sulfataerosol würde ständig in die untere Atmosphäre sedimentieren, was gesundheitsschädlich und ökologisch nachteilig ist. Das Impfen von Wolken, um ihre Albedo (Reflektion von Sonneneinstrahlung) zu erhöhen, ist im Effekt fraglich und hinsichtlich der Nebenwirkungen gefährlich. Weitere Vorschläge wie das Aufspannen von großen Sonnensegeln in der Atmosphäre oder das Anstreichen von Hausdächern mit weißer Farbe wirken wenig seriös, da von fraglicher Effektivität und ebenfalls in ihren Nebenwirkungen unabsehbar und somit gefährlich. Insgesamt erscheinen die vielfältigen Vorschläge der Geotechnik im Sinn eines verantwortungsvollen und effektiven Handelns wenig geeignet, dem Klimawandelproblem wirksam zu begegnen. Somit führt an den Vorsorgemaßnamen mit dem Schwerpunkt CO_2 kein Weg vorbei.

Führt man sich die lange Geschichte der Klimaforschung (vgl. Kap. 1) vor Augen, dabei insbesondere auch die Tatsache, dass bereits 1896 ARRHENIUS[02] auf das CO_2-Klimaproblem in Zusammenhang mit der Kohlenutzung hingewiesen hat, so hat es doch sehr lange gedauert, bis dieses Problem die Politik erreichte[113,115]. Ein erster Meilenstein war die 1. Weltklimakonferenz (World Climate Conference, WCC, Genf, 1979, organisiert von der WMO), bei der allerdings noch die Wissenschaftler unter sich waren. Sie richteten aber einen Appell an alle Länder der Erde, und somit auch an die Politik, das Klimawissen zu nutzen und zu verbessern sowie einen möglichen anthropogenen Klimawandel vorherzusehen und zu verhindern. Die UN (durch WMO und UNEP) haben 1988 reagiert und das Intergovernmental Panel on Climate Change (IPCC, sog. Weltklimarat) ins Leben gerufen, mit dem Auftrag, regelmäßig über den Sachstand der Klimaforschung und insbesondere des anthropogenen Klimawandels zu berichten. Dies geschah 1990 (zeitgleich mit der 2. Weltklimakonferenz), 1992, 1996, 2001, 2007 und 2013/2014. Zu den ausführlichen Berichten (Assessments Reports, AR) gibt es jeweils auch Kurzfassungen für Entscheidungsträger (Summary for Policymakers, SPM). Dazu kommen noch diverse Spezialberichte. Dies soll die Grundlage für die internationale Klimapolitik sein, was von den meisten Staaten der Erde auch akzeptiert wird. Der nächste Meilenstein war die UN-Konferenz über Umwelt und Entwicklung (UN Conference for Environment and Development, UNCED, Rio de Janeiro, 1992) wo u.a. die Klimarahmenkonvention beschlossen wurde (UN Framework Convention on Climate Change, FCCC). Sie besagt im Kern, dass die Treibhauskonzentrationen der Atmosphäre auf einem Niveau stabilisiert werden sollen, welches eine gefährliche Störung des Klimasystems verhindert. Diese Konvention ist von allen Staaten der Erde ratifiziert worden und somit seit 1994 völkerrechtlich verbindlich. Da dort aber weder näher ausgeführt ist, was als gefährlich angesehen werden soll, noch irgendwelche quantitativen und zeitlichen Zielsetzungen genannt sind, finden seit 1995 jährlich sog. Vertragsstaatenkonferenzen (Conference of Parties, COP) statt, die zu solchen konkreten Zielsetzungen führen sollen. Bis einschließlich 2019 gab es 25 derartige Konferenzen, wobei hier aber nur COP3 (Kyoto, 1997) und COP21 (Paris, 2015) genannt sein sollen, da eigentlich nur dort wesentliche Fortschritte erreicht wurden. COP3 führte zum sog. Kyoto-Protokoll, wonach nach einem komplizierten Länderschlüssel die Industrieländer bis 2008–2012 gegenüber 1990 eine Reduktion der Emission der wichtigsten Treibhausgase (CO_2, CH_4, N_2O, FCKW, SF_6) um im Mittel 8,2 % erreichen sollten. Obwohl es in Kyoto noch einige weitere Beschlüsse gab, u.a. über die sog. flexiblen Mechanismen (u.a. Emissionsrechtehandel, internationale Klimaschutzprojekte), muss diese Konferenz als Misserfolg angesehen werden. Statt 8,2 % Reduzierung wurden in der Fachwelt damals schon wesentlich höhere Reduktionsziele von deutlich über 50 % genannt; zudem waren die Entwicklungs- und vor allem Schwellenländer wie China und Indien nicht eingebunden. Da auch noch die USA und Kanada austraten, war um 2010 nur noch 15–20 % der globalen CO_2-Emission erfasst.

Zwischenzeitlich fand die 3. und bisher letzte Weltklimakonferenz statt (Genf, 2007). Wesentlich wichtiger aber ist COP21 (Paris, 2015). In der damaligen umfangreichen Pariser Übereinkunft (Paris Agreement) wurde u.a. beschlossen, den Anstieg der global gemittelten bodennahen Lufttemperatur gegenüber dem vorindustriellen Niveau (ca. 1750–1800) auf 2 °C, möglichst sogar 1,5 °C zu begrenzen. Um dies zu erreichen, soll um die Mitte unseres Jahrhunderts eine ausgeglichene Bilanz zwischen Kohlenstoff-Quellen (also Emissionen, u.a. durch die Nutzung fossiler Energieträger) und Senken (Aufforstungen, CCS?) erreicht werden. Da von den Senken keine Wunder zu erwarten sind, bedeutet das bis ca. 2050 praktisch einen totalen Abschied von den fossilen Energieträgern. Diese Beschlüsse wurden von vielen Umweltpolitikern als enormer Durchbruch gefeiert. Sie haben aber den Haken, dass die einzelnen Staaten keine konkreten Reduktionsverpflichtungen eingingen (nur so war wohl eine Einigung zu erreichen), sondern nur in gewissen Zeitabständen über ihre Klimaschutzmaßnahmen berichten sollen. Ein Nicht-Einhalten dieser Vereinbarung ist konsequenzenlos.

Zudem gibt es noch einen weiteren Haken, der von der Klimapolitik anscheinend weitgehend übersehen wurde: der Unterschied zwischen Gleichgewichts- und transienten Reaktionen des Klimas auf die anthropogene Spurengasemission. Transient bedeutet momentan, ohne Berücksichtigung der im Weiteren eintretenden Zeitverzögerungseffekte. Dies trifft z.B. auf die in Kap. 11 angegebenen Szenarien-gestützten Erwärmungen zu (zu denen noch die Erwärmung seit vorindustrieller Zeit hinzuzurechnen ist). Die Gleichgewichtsreaktion tritt dagegen erst mit erheblicher Zeitverzögerung auf, wie oben bereits ausgeführt worden ist, und zwar unausweichlich. Berechnet man nach den üblichen Formeln die Gleichgewichtsreaktion der Weltmitteltemperatur auf den bisherigen Strahlungsantrieb der Treibhausgase von 3,3 W/m^2 (vgl. Kap. 11), so kommt man mit Hilfe paläoklimatologischer Analogien auf 2,5 °C Temperaturerhöhung selbst dann, wenn die anthropogenen Emissionen abrupt aufhören würden. Dass von dieser Erwärmung bisher nur etwa 1 °C eingetreten ist, darf uns nicht zu scheinbarer Sicherheit verführen. In diesem beobachteten Wert sind auch natürliche Abkühlungsanteile, insbesondere durch den Vulkanismus, enthalten und die Gleichgewichtsreaktion des Klimas kommt unweigerlich auf uns zu.

Die Pariser Übereinkunft (COP21, 2015) ist relativ rasch, nämlich schon am 4.11.2016 in Kraft getreten. Als einziger Staat haben die USA 2017 ihren Austritt angekündigt und 2020 vollzogen. Die anderen Staaten halten zumindest formal daran fest. Die EU hat kürzlich (2020) das Ziel der sog. Klimaneutralität (d.h. ausgeglichene Bilanz zwischen Kohlenstoff-Quellen und -Senken, somit ab 2050 per Saldo keine CO_2-Emission mehr, um das 2 °C- bzw. 1,5 °C-Ziel zu erreichen) für ihren Bereich bekräftigt und will es finanziell unterstützen. Das IPCC[55a] hat sich in einem Sonderbericht (2018) mit den Pariser Zielsetzungen beschäftigt und kommt zu dem Ergebnis, dass zwar ein 1,5 °C-Ziel gegenüber 2 °C vorzuziehen sei, weil dann die Folgen weniger gravierend wären, aber das würde sehr rasche und weitreichende Maßnahmen bisher unbekannten Ausmaßes erfordern. Climate Action Tracker (siehe Internet-Verzeichnis), eine internationale wissenschaftliche Initiative unter maßgeblicher Beteiligung des Potsdam-Instituts für Klimafolgenforschung (PIK), kommt in seiner letzten Abschätzung (Dezember 2019) zu dem Ergebnis, dass die bisher international umgesetzten Klimaschutzmaßnahmen bis 2100 zu einer globalen Erwärmung um 2,3–4,1 °C führen würden und die derzeitigen Planungen die Obergrenze dieser Temperaturspanne auf lediglich 3,5 °C (jeweils gegenüber dem vorindustriellen Niveau) begrenzen würden, und das angesichts der Tatsache, dass rund 1 °C Erwärmung bereits eingetreten ist. Klima-Optimismus hinsichtlich des 2 °C- oder gar 1,5 °C-Ziels ist daher derzeit wenig begründet.

Deutschland hat bei COP22 (Marrakech, 2016) der Pariser Übereinkunft folgend einen „Klimaschutzplan 2050“ vorgelegt, mit folgenden CO_2-Emission-Minderungszielen: 40 % bis 2020, 55 % bis 2030 und 80–95 % bis 2050, jeweils gegenüber 1990 (mit speziellen Planungen in den Bereichen Energiewirtschaft, Gebäude, Verkehr usw.). Das 2020-Ziel wird wahrscheinlich knapp erreicht, aber nur infolge der Auswirkungen der Corona-Epidemie (Stand Sommer 2020). Den EU-Empfehlungen folgend hat die deutsche Bundesregierung 2019/2020 mit einem sog. Klimapaket nachgebessert und strebt nun auch bis 2050 die sog. Klimaneutralität an. Um dies umzusetzen, wird u.a. stufenweise eine CO_2-Bepreisung eingeführt (die u.a. Benzin verteuert) und das Ende der Kohlenutzung bis 2038 angestrebt. Auch diese verbesserte Klimaschutzpolitik wird von diversen Umweltaktionsgruppen als unzureichend kritisiert. Neuerdings gehört dazu auch die Initiative „Fridays for Future", die am 20.8.2018 mit einem sog. „Schulstreik für das Klima" der schwedischen Schülerin Greta Thunberg begonnen hat und aus der inzwischen eine Aktion von Schülern und Studenten geworden ist, die international Millionen von Demonstranten/innen auf die Straße gebracht hat. Sie wird u.a. von „Scientists for Future" (im April 2019 bereits über 26.000 Wissenschaftler aus Deutschland, Österreich und der Schweiz) unterstützt, die „das Anliegen der demonstrierenden jungen Menschen als berechtigt" ansehen und eine Liste von Klimafakten zusammengestellt haben, die diesen Standpunkt mit wissenschaftlichen Fakten untermauern sollen.

Wenn wir folglich das Problem „weltweiter anthropogener Klimawandel" wirklich ernst nehmen, was wir aus wissenschaftlicher Sicht unzweifelhaft tun sollten, haben wir nur noch wenig Zeit, die wissenschaftlich und politisch formulierten Klimaschutzziele zu erreichen[26,60,68,108,115]. Dabei müsste sich viel ändern und bewegen; denn noch klafft zwischen Wunsch und Wirklichkeit eine riesige Lücke. Die Handlungsoptionen lassen sich im Übrigen auch ethisch untermauern (vgl. Deutsche Bischöfe[23], 2006; Papst Franziskus[90], 2015). Aber auch aufgrund rein klimaphysikalischer Einsicht sowie Verständnis der Klimaprozesse gebieten uns der Selbstschutzgedanke und das Verantwortungsprinzip gegenüber allen Menschen auf dieser Erde, insbesondere auch den nachfolgenden Generationen, letztlich gegenüber unserem Heimatplaneten Erde insgesamt, baldigen und effektiven Klimaschutz.

Zitierte Literatur

01 Arntz, W.E., Fahrbach, E., 1991: El Niño. Klimaexperiment der Natur. Birkhäuser, Basel.

02 Arrhenius, S., 1896: On the influence of carbonic acid in the air upon the temperature of the ground. Philosph. Mag. J. Sci., Series 5, **41** (251), 237–276.

03 Beck, C., Rudolf, B., Schönwiese, C.-D., Staeger, T., Trömel, S., 2007: Entwicklung einer Beobachtungsgrundlage für DEKLM und statistische Analyse der Klimavariabilität. Bericht Nr. 6., Institut für Atmosphäre und Umwelt, Universität Frankfurt a.M.

04 Behringer, W., 2007 → Bibliographie

05 Berger, A. (ed.), 1984: Milankovitch and Climate (2 Vols.). Reidel, Dordrecht.

06 Berz, G., 2010: Wie aus heiterem Himmel. Naturkatastrophen und Klimawandel. dtv, München.

07 Bild der Wissenschaft, 2013: Es knallte früher. Heft 6/2013, Nachrichten, S. 10.

08 Börner, G., 2007: Kosmos und Sonnensystem – Geschichte einer Entwicklung. Spektrum d. Wiss., Spezial **2/07**, 6–10.

09 Bork, H.R., 2001: Landnutzung in Deutschland. Petermanns Geogr. Mitt. **145**, 36–37.

10 Bradley, R.S., 1985: Quaternary Paleoclimatology. Allen and Unwin, Boston.

11 Brönnimann, S., 2018 → Bibliographie

12 Bubenzer, O., Radtke, U., 2007: Natürliche Klimaänderungen im Lauf der Erdgeschichte. In Endlicher, W., Gerstengarbe, F.-W. (Hrsg.) → Bibliographie, S. 17–26.

13 Caesar, L., Rahmstorf S., Robinson, A., Feulner, G., Saba, V., 2018: Observed fingerprint of a weakening Atlantic Ocean Overturning circulation. Nature **556**, 191–196.

14 Cess, R.D., et al.,1990: Intercomparison and interpretation of climate feedeback processes in 19 atmospheric general ciculation models. J. Geophys. Res. **95**, 601–616

15 Chmielewski, F.-M., 2007: Folgen des Klimawandels für Land- und Forstwirtschaft. In Endlicher, W., Gerstengarbe, F.-W. (Hrsg.) → Bibliographie, S. 75–85.

16 Clark, W.C. (ed.), 1982: Carbon Dioxide Review 1982. Clarendon, Oxford.

17 Claußen. M., Kubatzki, C., Brovkin, V., Ganopolski, A., 1999: Simulation of an abrupt change in Saharian vegetation in the mid-Holocene. Geophys. Res. Letters **26**, 2037–2040.

18 CRU (Climatic Research Unit, University of East Anglia, Norwich, England), Internet: http://www.cru.uea.ac.uk

19 Crutzen, P.J., 2002: Geology of mankind. Nature **415**, 23.

20 CSIRO (Commonwealth Scientific and Industrial Research Organisation, Australien), Internet: http://www.csiro.au

21 Cubasch, U., Kasang, D., 2000 → Bibliographie

22 Dansgaard, W., 1975: Climatic changes, Norsemen and modern men. Nature **255**, 24–28.

23 Deutsche Bischöfe, Kommission für gesellschaftliche und soziale Fragen, Kommission Weltkirche, 2006: Der Klimawandel: Brennpunkt globaler, intergenerationeller

und ökologischer Gerechtigkeit (2. Aufl.). Sekretariat der Deutschen Bischofskonferenz, Bonn.
24 Deutscher Wetterdienst (DWD), 2016: Wetterrekorde. Faltblatt, Presse- und Öffentlichkeitsarbeit, Selbstverlag, Offenbach a.M.
25 Deutscher Wetterdienst (DWD),
Internet: www.dwd.de/→Klima+Umwelt→Klimadaten.
26 Edenhofer, O., Jacob, M., 2017 → Bibliographie
27 Endlicher, W., 1991: Klima, Wasserhaushalt, Vegetation. Wiss. Buchges., Darmstadt.
28 Endlicher, W., Gerstengarbe, F.-W., 2007 → Bibliographie
29 Fabian, P., 2002 → Bibliographie
30 Flohn, H., 1961: Man's activity as a factor in climate change. Ann. New York Ac. Sci, **95**, 271–281.
31 Flohn, H., 1967: Klimaschwankungen in historischer Zeit. In von Rudloff, H.: Die Schwankungen und Pendelungen des Klimas in Europa seit Beginn der regelmäßigen Instrumenten-Beobachtungen. Vieweg, Braunschweig, S. 81–90.
32 Ford, M., 1982: The Changing Climate. Responses of the Natural Flora and Fauna. Allen and Unwin, London.
33 Frakes, L.A., 1979: Climates Throughout Geologic Time. Elsevier, Amsterdam.
34 Frenzel, B. et al., 1992: Atlas of Paleoclimate and Paleoenvironment of the Northern Hemisphere. G. Fischer, Stuttgart.
35 Furrer, G, 1991: 25000 Jahre Gletschergeschichte. Naturforscher-Gesellschaft, Zürich.
36 Ganopolski, A., Rahmstorf, S., 2001: Simulation of rapid glacial climate changes in a coupled climate model. Nature 409, 153–158.
37 GCP (Global Carbon Project, Le Quéré, C. et al., eds.), 2017, Internet: http://www.globalcarbonproject.org/carbonbudget/
38 Gerstengarbe, F.-W., Welzer, H. (Hrsg.), 2013 → Bibliographie
39 GISS (Goddard Institut for Space Studies, National Aeronautics and Space Administration (NASA), USA), Internet: http://icp.giss.nasa.gov
40 Glaser, R., 2001 → Bibliographie
40a Häberli, W., Maisch, M., 2007: Klimawandel im Hochgebirge. In Endlicher, W., Gerstengarbe, F.-W. (Hrsg. → Bibliographie, S. 98–107.
41 Häckel, H., 2018: Meteorologie (8. Aufl.). Ulmer (utb), Stuttgart.
42 Hantel, M., 1997: Klimatologie. In Raith, W. (Hrsg.): Bergmann-Schäfer Lehrbuch der Experimentalphysik. Band 7, Erde und Planeten, S. 311–426. De Gruyter, Berlin.
43 Hantel, M., Kraus, H., Schönwiese, C.-D., 1987: Climate definition. In Fischer, G. (ed): Landolt-Börnstein Numerical Data and Functional Relationships in Science and Technology. Vol. V/4/c1, 1–28. Springer, Berlin-Heidelberg.
44 Hantel, M., Haimberger, L., 2016 → Bibliographie
45 Hoffmann, P.F. et al., 1998: A neoproterocoic snowball earth. Science **281**, 1342–1346.
46 Holzhauser, P., 1983: Die Geschichte des großen Aletschgletschers während der letzten 2500 Jahre. Bull. Murithienne **101**, 113–134.

47 Houghton, J.T., 1997: Globale Erwärmung. Fakten, Gefahren und Lösungswege. Springer, Berlin-Heidelberg.

48 Huch, M., Warnecke, G., Germann, K. (Hrsg.), 2001: Klimazeugnisse der Erdgeschichte. Springer, Berlin-Heidelberg.

49 von Humboldt, A., 1845: Kosmos. Entwurf einer physischen Weltbeschreibung. Stuttgart.

50 Hupfer, P. (Hrsg.), 1991: Das Klimasystem der Erde. Akademie-Verlag, Berlin.

51 Hupfer, P., Kuttler, W., 2006 → Bibliographie

52 Hurrel, J.W., 1995: Decadal trends in the North Atlantic Oscillation. Regional temperatures and precipitation. Science **269**, 676–679.

53 Intergovernmental Panel on Climate Change (IPCC), Solomon, S., et al. (eds.), 2007: Climate Change 2007. The Physical Science Basis. Contribution of Working Group I to the Fourth Assessment Report (AR4) of the IPCC. Cambridge Univ. Press, Cambridge.

54 Intergovernmental Panel on Climate Change (IPCC), Stocker, T.F. et al. (eds.), 2014: Climate Change 2013. Physical Science Basis. Contribution of Working Group I to the Fifth Assessment Report (AR5) of the IPCC. Cambridge Univ. Press, Cambridge.

55 Intergovernmental Panel on Climate Change (IPCC), Field, C.B. et al. (eds.), 2014: Climate Change 2014. Impacts, Adaptation, and Vulnerability. Contribution of Working Group II to the Fifth Assessment Report (AR5) of the IPCC. Cambridge Univ. Press, Cambridge.

55a Intergovernmental Panel on Climate Change (IPCC), Masson-Delmotte, V. et al., 2018: Special Report on Global Warming of 1.5 °C (SR1.5), Internet: www.ipcc.ch

55b Intergovernmental Panel on Climate Change (IPCC), Pörtner, H.-O. et al., 2019: Special Report on the Ocean and Cryosphere in a Changing Climate (SROCC), Internet: www.ipcc.ch

56 Jendritzky, G., 2007: Folgen des Klimawandels für die Gesundheit. In Endlicher, W., Gerstengarbe, F.-W. (Hrsg.) → Bibliographie, S. 108–118.

57 Jones, P.D. et al., 1999: Surface air temperature and its changes overthe past 150 years. Rev. Geophys. **37**, 173–199.

58 Joussaume, S., 1996 → Bibliographie

59 Kasang, D., 2016: Das Quartär (Eiszeitalter). Hamburger Bildungsserver, Internet: http://bildungsserver.hamburg.de/klimageschichte/2047086/ (Abruf 30.05.2016)

60 Kemfert, C., 2009: Die Ökonomie des Klimawandels – Warum Nichtstun teuer werden kann. Geogr. Rdsch. **91**, 20–26.

61 Kiehl, J.T., Trenberth, K.E., 1997: Earth's annual global mean energy budget. Bull. Am. Meteorol. Soc. **78**, 197–208.

62 Klostermann, J., 2009 → Bibliographie

62a Köppen, W., Wegener, A., 2015 → Bibliographie

63 Kraus, H., 2009: Die Atmosphäre der Erde. Eine Einführung in die Meteorologie. Springer, Berlin-Heidelberg.

64 Lamb, H.H., 1972, 1977: Climate: Present, Past and Future (2 Vols.). Methuen, London.

65 Lamb, H.H., 1989 → Bibliographie

66 Lamb, H.H., 1991: Historic storms of the North Sea, British Isles and Northwest Europe. Cambridge Univ. Press, Cambridge.

67 Latif, M., 2009 → Bibliographie

68 Latif, M., 2012 → Bibliographie

69 Lexikon der Geowissenschaften (Redaktion: LANDSCAPE Ges. f. Geo-Kommunikation, Köln), 6 Bände, 2000-2002. Spektrum Akadem. Verlag, Heidelberg-Berlin.

70 Lenton, T.M. et al., 2008: Tipping elements in the Earth's climate system. PNAS **105**, 1786–1793.

71 Liou, K.N., 1992: Radiation and Cloud Processes in the Atmosphere. Oxford. Univ. Press, New York.

72 Lozán, J.L., Grassl, H., Hupfer, P. Hrsg.), 1998: Warnsignal Klima. Das Klima des 21. Jahrhunderts. Wiss. Auswertungen und GEO, Hamburg.

73 Lozán, J.L. et al. (Hrsg.), 2005: Warnsignal Klima. Genug Wasser für alle? Wiss. Auswertungen und GEO, Hamburg.

74 Manabe, S., Möller, F., 1961: On the radiative equilibrium and heat balance of the atmosphere. Monthly Weath. Rev. **31**, 118–133.

75 Manabe, S., Wetherald, R.T., 1967: Thermal equilibrium of the atmosphere with a given distribution of relative humidity. J. Atmos. Sci. **24**, 241–259.

76 Manabe, S., Bryan, K., 1969: Climate circulation with a combined ocean-atmosphere model. J. Atmos. Sci. **26**, 786–789.

77 Manley, G., 1974: Central England temperatures: monthly means 1659-1973. Quart. J. Roy. Met. Soc. **100,** 389–405.

77a Marcott, S.A., 2013: A reconstruction of regional and global temperatures for the past 11,300 years.Science **339**, 1198–1201.

78 Martens, P. et al., 1999: Climate change and future populations at risk of malaria. Glob. Environm. Change **9**, 89–107.

79 McCormick, P.M., Thomason, L.W., Trepte, C.E., 1995: Atmospheric effects of Mt. Pinatubo eruption. Nature **373**, 399–404.

80 Moberg, A. et al., 2005: Highly variable Northern Hemisphere temperature reconstructed from low and high-resolution proxy data. Nature **433**, 613–617.

81 Mosbrugger, V., et al. (Hrsg.), 2012 → Bibliographie

82 Moss, R.H., 2010: The next generation of scenarios for climate change research and assessment. Nature **463**, 747–756.

83 Münchener Rückversicherungs-Gesellschaft (MunichRe): Topics Geo (jährlich erscheinende Schadensberichte). Selbstverlag, München.

84 Münchener Rückversicherungs-Gesellschaft (MunichRe), 1990: Sturm. Selbstverlag, München.

85 NOAA (National Oceanic and Atmospheric Administration, USA), Internet: http://www.noaa.gov

86 NSIDC (National Snow and Ice Data Center, USA), Internet: http://nsidc.org

87 Oeschger, H. et al., 1980 → Bibliographie

88 Oschmann, W., et al., 2000: Evolution des Systems Erde. Senckenbergische Naturforsch. Ges., Kleine Senckenberg-Reihe Nr. 35, Frankfurt a.M.

89 Oschmann, W., 2016: Evolution der Erde (2. Aufl.). Haupt, Bern.

90 Papst Franziskus, 2015: Laudato si (, mi signore, cun tucte le tue creature). Die Umwelt-Enzyklika des Papstes. Vollständige Ausgabe. Herder, Freiburg

91 Peixoto, J.P., Oort, A.H., 1992: Physics of Climate. American Inst. of Physics, New York.

92 Pfister, C., 1999 → Bibliographie

93 Quadfasel, D., 2005: The Atlantic heat conveyor slows. Nature **438**, 565–566.

94 Quedens, G., 1992: Nordsee – Mordsee. M. Siegel, Breklum.

95 Rahmstorf, S., 2002: Ocean circulation and climate during the past 120,000 years. Nature **419**, 207–214.

96 Rahmstorf, S., 2010: A new view on sea level rise. Nature Clim. Change **4**, 44–45.

97 Rahmstorf, S. et al., 2015: Exceptional twentieth-century slowdown in Atlantic ocean overturning circulation. Nature Clim. Change **5**, 475–480.

98 Rahmstorf, S., Schellnhuber, H.J., 2018 → Bibliographie

99 Rapp, J., 2000: Konzeption, Problematik und Ergebnisse klimatologischer Trendanalysen für Europa und Deutschland. Bericht Nr. 212, Deut. Wetterdienst (Selbstverlag), Offenbach a.M.

100 Robine, J.-M., et al., 2010: Death toll exceeded 70,000 in Europe during summer 2003. Comptes Rendus Biol. **331**, 171–178.

101 Roedel, W., Wagner, T., 2010: Physik unserer Umwelt. Die Atmosphäre. Springer, Berlin-Heidelberg.

102 von Rudloff, H., 1967: Die Schwankungen und Pendelungen des Klimas in Europa seit Beginn der regelmäßigen Instrumenten-Beobachtungen. Vieweg, Braunschweig.

103 Sagan, C., Mullen, G., 1972: Earth and Mars: Evolution of atmospheres and surface temperatures. Science **177**, 52–56.

104 Saltzmann, B., 2002: Dynamical Paleoclimatology. Academic Press, San Diego.

105 Samaniego, L., et al., 2018: Anthropogenic warming exacerbates European soil moisture droughts. Nature Clim. Change **8**, 421–426.

106 Sato, M., et al.: Stratospheric aerosol optical depth 1850–1990 J. Geophys. Res. **98**, 22987–22994; Updates via Internet.

107 Schär, C., et al., 2004: The role of increasing temperature variability in European summer heatwaves. Nature **427**, 332-336.

108 Schellnhuber, H.J., 2015 → Bibliographie

109 Schellnhuber, H.J., Sterr, H., 1993: Klimaänderung und Küste. Springer, Berlin-Heidelberg.

110 Schmincke, H.-U., 2000: Vulkanismus. Wiss. Buchges., Darmstadt.

111 Schönwiese, C.-D., 1979: Klimaschwankungen. Verständliche Wissenschaft, Band 115. Springer, Berlin-Heidelberg-New York.

112 Schönwiese, C.-D., 1987. Climate variations. In Fischer, G. (ed): Landolt-Börnstein Numerical Data and Functional Relationships in Science and Technology. Vol. V/4/c1, 15-1-15-22. Springer, Berlin-Heidelberg.

113 Schönwiese, C.-D., 1997: Zwischen „Katastrophe“ und „Schwindel“. Anmerkungen zur Klimadebatte. Universitas **52**, 983–990.

114 Schönwiese, C.-D., Staeger, T., Trömel, S., 2004: The hot summer 2003 in Germany. Meteorol. Z., N.F., **13**, 343–347.

115 Schönwiese, C.-D., 2013 → Bibliographie
116 Schönwiese, C.-D., 2013: Praktische Statistik für Meteorologen und Geowissenschaftler. Borntraeger, Stuttgart.
117 Schultz, H.R., et al., 2005: Der Einfluss klimatischer Veränderungen auf die phänologische Entwicklung der Rebe, der Sorteneignung sowie Mostgewicht und Säurestruktur der Trauben. Projektbericht, Forschungsanstalt Geisenheim, Fachgebiet Weinbau, Geisenheim.
118 Schweingruber, F.H., 1983: Der Jahrring. Haupt, Bern.
119 Shepherd, A., Fricker, H.A., Farrell, S.L., 2018: Trends and connections across the Antarctic cryosphere. Nature **558**, 223–232.
120 Seidl, R., et al., 2017: Forest disturbances under climate change. Nature Clim. Change **7**, 395–402.
121 Senckenberg Gesellschaft für Naturforschung, 2017: Mücken: Eine kommt, die andere geht. Pressemitteilung (10.04.2017), Frankfurt a.M.
121a Solar Influences Data Analysis Center (SIDC), Internet: http://sidc/oma.be
122 Simkin, T., et al. (eds.), 1981: Volcanoes of the World. Smithsonian Institution, USA. Hutchinson, Stroudsburg; Updates via Internet (Smithsonian Institution).
123 Smith, .G. et al., 1982: Paläokontinentale Weltkarten des Phanerozoikums. Enke, Stuttgart.
124 Steffen, W., Crutzen, P.J., McNeill, J.R., 2007: The Anthropocene: Are humans now overwhelming the great forces of nature? Ambio **36**, 614–621.
125 Stehr, N., von Storch, H., 2000 → Bibliographie
126 Stephenson, D.B., Wanner, H., Brönnimann, S., Luterbacher, J., 2002: The history of scientific research on the North Atlantic Oscillation. In Hurrel, J.W., et al. (eds.): The North Atlantic Oscillation. Geoph. Monogr. **134**, 37–50.
127 Stern, N., 2007: The Stern Review. The Economics of Climate Change. Cambridge Univ. Press, Cambridge.
128 Sterr, H., 2007: Folgen des Klimawandels für Ozeane und Küsten. In Endlicher, W., Gerstengarbe, F.-W. (Hrsg.) → Bibliographie, S. 86–97.
129 Stocker, T.F., 2007: Polare Eisbohrkerne – Eckpfeiler der Klimarekonstruktion. Geogr. Rdsch. **59**, 40–48.
130 von Storch, H., et al., 1999 → Bibliographie
131 Streit, B., 2010: Verlust der biologischen Vielfalt. Forschung und Lehre **9/10**, 654–656.
132 Streit, B., Böhning-Gaese, Mosbrugger, V., 2011: Biodiversität und Klima: Wandel in vollem Gang. Biol. uns. Zeit **41**, 248–255.
133 Thornalley, D.J.R. et al., 2018: Anomalously weak Labrador Sea convection and Atlantic overturning during the past 150 years. Nature **556**, 227–230.
134 Trenberth, K. (ed.), 1992: Climate System Modeling. Cambridge Univ. Press, Cambridge.
135 Unsöld, A., Baschek, B., 2004. Der neue Kosmos. Einführung in die Astronomie und Astrophysik (7. Aufl.). Springer, Berlin-Heidelberg.

136 Usoskin, I.G. et al., 2003: Millenium-scale sunspot number reconstruction: Evidence for an unusually active sun since 1940s. Physica. Rev. Letters **91**, 211102-1-211102-4.
137 Wanner, H. et al., 2008: Mid- to late Holocene climate change: an overview. Quaternary Sci. Rev. **27**, 1791–1828.
138 Wanner, H., 2016 → Bibliographie
139 Warneck, P., Wurzinger, A., 1987: Chemical composition of and chemical reactions in the atmosphere. In Fischer, G. (ed.): Landolt-Börnstein Numerical Data and Functional Relationships in Science and Technology, Vol. V/4b, S. 457–570. Springer, Berlin-Heidelberg.
140 Wigley, T.M.L., et al., 1981: Climate and History. Cambridge Univ. Press, Cambridge.
140a Wissenschaftlicher Beirat der Bundesregierung Globale Umweltveränderungen (WBGU), 2011: Globale Megatrends. Factsheet Nr. 3. Berlin – Siehe auch 2008: Globale Welt im Wandel – Sicherheitsrisiko Klimawandel. Springer, Berlin-Heidelberg.
141 World Meteorological Organisation (WMO), 1979: Proceedings of the World Climate Conference. WMO Punl. No. 537, Geneva.
142 World Meteorological Organisation (WMO), 2015: Warming trend continues in 2014. Press Release 02.02.2015, 4 pp., Geneva.
143 Wyrtki, K., 1982: The Southern Oscillation, ocean-atmosphere interaction, and El Niño. Marine Technol. Soc. J. **16**, 3–10.
144 Köppen, W., Wegener, A., 2015 → Bibliographie

Bibliographie (Auswahl)

Behringer, W., 2007: Kulturgeschichte des Klimas. C.H. Beck, München.

Berz, G., 2010: Wie aus heiterem Himmel. Naturkatastrophen und Klimawandel. dtv, München.

Brasseur, G.P., Jacob, D., Schuck-Zöller, S. (Hrsg.), 2017: Klimawandel in Deutschland. Springer-Spektrum, Berlin-Heidelberg.

Brönnimann, S., 2018: Klimatologie. Haupt (utb), Bern.

Buhofer, S., 2017: Der Klimawandel und die internationale Klimapolitik in Zahlen. oekom, München.

Cubasch, U., Kasang, D., 2000: Anthropogener Klimawandel. Klett-Perthes, Gotha.

Edenhofer, O., Jakob, M., 2017: Klimapolitik. C.H. Beck, München.

Endlicher, W., Gerstengarbe, F.-W. (Hrsg.), 2007: Der Klimawandel. Potsdam-Institut für Klimafolgenforschung, Potsdam, und Humboldt-Universität, Berlin (im Auftrag der Deut. Ges. f. Geographie).

Fabian, P., 2002: Leben im Treibhaus. Unser Klimasystem – und was wir daraus machen. Springer, Berlin-Heidelberg

Flemming, G., 1990: Klima – Umwelt – Mensch. VEB G. Fischer, Jena.

Flohn, H., 1985: Das Problem der Klimaschwankungen in Vergangenheit und Zukunft. Wissenschaftliche Buchgesellschaft, Darmstadt.

Gerstengarbe, F.-W., Welzer, H. (Hrsg.), 2013: Zwei Grad mehr in Deutschland. Fischer, Frankfurt a.M.

Glaser, R., 2013: Klimageschichte Mitteleuropas. Primus und Wissenschaftliche Buchgesellschaft, Darmstadt.

Grassl, H., 2000: Wetterwende. Vision Klimaschutz. Campus, Frankfurt a.M.

Grassl, H., 2007: Was stimmt? Klimawandel – Die wichtigsten Antworten. Herder, Freiburg.

Grassl, H., Klingholz, R., 1990: Wir Klimamacher. Fischer, Frankfurt a.M.

Hantel., M, Haimberger, L., 2016: Grundkurs Klima. Springer, Berlin-Heidelberg.

Hulme, M., 2014: Streitfall Klimawandel (Orig. engl.). oekom, München.

Hupfer, P. (Hrsg.), 1991: Das Klimasystem der Erde. Akademie, Berlin.

Hupfer, P., 1996: Unsere Umwelt. Das Klima. Teubner, Stuttgart.

Hupfer, P., Kuttler, W., 2006: Witterung und Klima. Teubner, Stuttgart.

IPCC (Zwischenstaatlicher Ausschuss für Klimaänderungen), Deutsche IPCC-Koordinierungsstelle, Umweltbundesamt Österreich, ProClim (Hrsg.), 2016: Klimaänderung 2013/2014. Zusammenfassungen für politische Entscheidungsträger. Beiträge der drei Arbeitsgruppen zum Fünften Sachstandsbericht des IPCC. Deutsche Übersetzungen durch die Herausgeber. Bonn, Wien, Bern.

Joussaume, S., 1996: Klima – gestern, heute, morgen (Orig. franz.). Springer, Berlin-Heidelberg.

Klostermann, J., 2009: Das Klima im Eiszeitalter (2. Aufl.). Schweizerbart, Stuttgart.

Köppen, W., Wegener, A., 2015: The Climates of the Geological Past – Die Klimate der geologischen Vorzeit (Reproduction and Facsimile). Borntraeger, Stuttgart.

Kromb-Kolb, H., Formayer, H., 2005: Schwarzbuch Klimawandel. Ecowin, Salzburg.

Kuttler, W., 2013: Klimatologie. Schöningh, Paderborn.
Lamb, H.H., 1989: Klima und Kulturgeschichte (Orig. engl.). Rowohlt, Reinbek.
Latif, M., 2003: Hitzerekorde und Jahrhundertflut. Herausforderung Klimawandel. Heyne, München.
Latif, M., 2004: Klima. Fischer, Frankfurt a.M.
Latif, M., 2009: Klimawandel und Klimadynamik. Ulmer (utb), Stuttgart.
Latif, M., 2012: Globale Erwärmung. Ulmer (utb), Stuttgart.
Lozán, J.L., Grassl, H., Hupfer, P. (Hrsg.), 1998: Warnsignal Klima. Das Klima des 21. Jahrhunderts. Wiss. Auswertungen und GEO, Hamburg.
Mosbrugger, V., Brasseur, G., Schaller, M., Stribrny, B. (Hrsg.), 2012: Klimawandel und Biodiversität. Wissenschaftliche Buchgesellschaft, Darmstadt.
Oeschger, H., Messerli, B., Silvar, M. (Hrsg.), 1980: Das Klima. Springer, Berlin-Heidelberg.
Pfister, C., 1999: Wetternachhersage. 500 Jahre Klimavariationen und Naturkatastrophen. Haupt, Bern.
Rahmstorf, S., Schellnhuber, H.J., 2018 (8. Aufl.): Der Klimawandel. C.H. Beck, München.
Schellnhuber, H.J., 2015: Selbstverbrennung. Die fatale Dreiecksbeziehung zwischen Klima, Mensch und Kohlenstoff. Bertelsmann, München.
Schönwiese, C.-D., 2020 (5. Aufl.): Klimatologie. Ulmer (utb), Stuttgart.
Schwarzbach, M., 1974: Das Klima der Vorzeit. Enke, Stuttgart.
Sirokko, F., 2012: Wetter, Klima, Menschheitsgeschichte. Theiss, Stuttgart.
Stehr, N., von Storch, H., 2010: Klima, Wetter, Mensch (engl. Originaltitel: Climate and Society). B. Budrich, Leverkusen.
Von Storch, H., Guss, S., Heimann, M., 1999: Das Klimasystem und seine Modellierung. Springer, Berlin-Heidelberg.
Wanner, H., 2016: Klima und Mensch. Haupt, Bern.
Weischet, W., Endlicher, W., 2018 (9. Aufl.): Einführung in die allgemeine Klimatologie. Borntraeger, Stuttgart.

Internet-Links (Auswahl)

A Deutschland

Alfred-Wegener.Institut für Polar- und Meeresforschung (AWI), Bremerhaven
www.awi-bremerhaven.de

Climate Service Center (CSC), Geesthacht
www.climate-service-center.de

Deutsche Meteorologische Gesellschaft e.V. (DMG)
www.dmg-ev.de

Deutsche IPCC-Koordinierungsstelle, Bonn
www.de-ipcc.de

Deutscher Wetterdienst (DWD), Offenbach
www.dwd.de

Fachzentrum Klimawandel Hessen (FZK), Wiesbaden
http://klimawandel.hlnug.de

Fridays for Future (deutsche Sektion)
www.fridaysforfuture.de

Gesellschaft für ökologische Forschung, München, Gletscherarchiv
www.gletscherarchiv.de

Hamburger Bildungsserver, Klimawandel und Klimafolgen, Hamburg
http://bildungsserver.hamburg.de/klimawandel/

Max-Planck-Institut für Meteorologie (MPIM), Hamburg
www.mpimet.mpg.de

Potsdam-Institut für Klimafolgenforschung (PIK), Potsdam
www.pik-potsdam.de

Umweltbundesamt (UBA), Dessau
www.umweltbundesamt.de

Universität Frankfurt a.M., Institut für Atmosphäre und Umwelt, Klimaforschung (Schönwiese)
http://www.uni-frankfurt.de/iau/klima

Wissenschaftlicher Beirat der Bundesregierung Globale Umweltveränderungen (WBGU), Berlin
www.wbgu.de

B International

Climate Action Tracker
www.climateactiontracker.org

Climatic Research Unit (CRU), University of East Anglia, Norwich, UK
www.cru.uea.ac.uk

Forum for Climate and Global Change (ProClim), Schweizer Akademie der Wissenschaften, Bern, Schweiz
www.proclim,ch

Fridays for Future (international)
www.fridaysforfuture.org

Goddard Institute for Space Studies (GISS), Institute on Climate and Planets (NASA), Washington, USA
http://icp.giss.nasa.gov

Intergovernmental Panel on Climate Change (IPCC), Genf, Schweiz
www.ipcc.ch

National Oceanic and Atmospheric Administration (NOAA), Silver Spring (Maryland), USA
www.noaa.gov

National Snow and Ice Data Center (NSIDC), Boulder (Colorado), USA
http://nsidc.org

Scientists for Future
www.scientists4future.org

Solar Influences Data Analysis Center (SIDC), Brüssel, Belgien
http://sidc.oma.be

United Nations Environmental Programme (UNEP), Nairobi, Kenia
www.unep.org

World Meteorological Organisation (WMO), Genf, Schweiz
www.wmo.ch

Stichwortverzeichnis

Fett gedruckte Seitenzahlen weisen im Sinn eines Glossars auf Definitionen hin.

A
Absorption (von Strahlung) 35, 36, 40,31
Aerosole (s. auch Partikel) 4, 10, 11, 39 78, 81, 82, 83, 84, 85, 86
akroygenes Warmklima 52, 53, 113
Albedo 42, 43, 78, 82, 113
allgemeine Zirkulation → Zirkulation
Altithermum 62
Anfangswertproblem 48
Anomalien 70
Anthroposphäre 24
Anthropozän **77–78**, 97, 110
äquivalente Kohlendioxidkonzentration **82**, 86
Argon 10, 11
Artensterben 56, 102
Atlantik 28, 32, 34, 94, 96, 99, 100
Atmosphäre **6–7**, 10, 12, 24–27, 36, 37, 39, 44, 46, 48, 49, 51, 56, 59, 66, 70, 77–81, 84–86, 112, 113, 115
Ausstrahlung (terrestrische) 6, 25, 36, 40, 42, 47

B
Berylliumisotope 22
Bewölkung (s. auch Wolken) 6, 9, 12
Biodiversität 56, **102**
Bio-Ereignisse 56
Biologie 4
Biosphäre 24, 25, 110
Boden 23, 24, 46
Bodenfeuchte, -wassergehalt 21, 103
boreal 1

C
Carbon Capture and Storage (CCS) 112
Chemie 3, 4
Chionosphäre 24
Corioliskraft 29, 32
Cromer-Warmzeit 57

D
Dansgaard-Oeschger-Ereignisse 58, **59**
Dendroklimatologie **21**, 22
Deutscher Wetterdienst (DWD) 20, 73
Dichte der Atmosphäre → Luftdichte
Dinosaurier 56
Distickstoffoxid 10, 11, 22, 40, 41, 59, 78, 79, 81, 112, 114
Divergenz 29, 30
Dürre 10, 89, 93, 96, 103, 104, 106, 107

E
Eem-Warmzeit 57, 58, 67
Eis 10, 22–27, 30, 42, 43, 51, 55, 58, 60, 98, 101
Eis-Albedo-Rückkopplung **43–44**, 59
Eisbohrungen 2, **22**, 59, 78, 80
Eisschild (s. auch Inlandeis) 27, 98, 108
Eiszeit (allg.) 51, 57, 100
Eiszeitalter (allg.) 51–53, 55–57, 64
El Niño 26, **33–34**, 77, 85, 105, 108
Emissionshandel 112
Energiebilanzmodelle 48
Energieflussdichte 36
Energienutzung (allg.) 77, 78, 103, 112
Erdachsenneigung 38
Erdausstrahlung → Ausstrahlung
Erdbahn (um die Sonne) 37, **38**
Erdbeben 28, 89, 90, 107
Erdgeschichte 21, 51,52
Erdplatten → tektonische Platten)
Ernährung 97, 106
Exosphäre 7
externe Einflüsse (auf das Klimasystem) 26, 29, **35**
Extremereignisse 10, 20, 50, 75, 88, **89–96**, 97, 105–107, 111, 115
Extremwerte 17, 75
Exzentrizität (der Erdumlaufbahn um die Sonne) 37

F
Fehlerrechnung 19
Festlandeis (s. auch Inlandeis) 58
Fischerei(wirtschaft) 103, 104, 107
Fluorchlorkohlenwasserstoffe (FCKW) 10, **11**, 78, **79**, 81, 82, 114
fossile (kohlenstoffhaltige) Energie(träger) 78, 79, 81, 82, 87, 112–115
Fridays for Future 116

G
Gase 10, 11, 22, 36, 37, 39, 57, 59, 82, 83, 111
Gebirge 28, 56, 97, 111
Gebirgsgletscher → Gletscher

geomorphologisch 21, 23
Geotechnik (Geoengineering) 112, 113
Gesteine 23, 24, 52
Gesundheit 97, 106–108, 111, 113
Gitternetz 15, 48, 95
Gitter(punkt)system 14, 15, 19, 46, 47, 70
Glaziologie 4
Gletscher 20, 22, 23, 27, 67, 98, 101, 102
globale Erwärmung 61, 62, 69, 70, 72, 73, 84, 97
Globalklima 14
Golfstrom 32, 33, 99
Grönland 22, 24, 27, 72, 97, 98, 100, 101, 108, 109
Günz-Kaltzeit 32

H

Häufigkeitsverteilung 16, 90
Hiatus 71
historische Klimatologie 2, **20**, 21
Hitze, Hitzesommer 75, 89, 90, 92, 93, 96, 103, 104, 106, 107, 111
Hochdruckgebiet 12, 26, 29, 30–32, 34, 35, 104
Hochwasser 20, **93**, 198, 111
Höhlenmalerei 20, 62
Holozän 57, 58, 60, **61–68**, 69, 97, 99
Holozän-Warmphase 61, 62, 66, 67
Holstein-Warmzeit 57
Humboldtstrom 33, 34
Huronische(s) Eiszeit(alter) 52, 53
Hurrikan 89, 90, **94**–96
Hydrometeore 10, 11
Hydrosphäre 24

I

Impaktmodell 50
industrielle Revolution 77
Industriezeitalter **77**–79, 81, 82, 84, 87, 97, 110, 116
Informatik 4
Inhomogenität (von Klimadatenreihen) 20
Inlandeise (s. auch Eisschilde) 25, 27, 100
Intergovernmental Panel on Climate Change (IPCC) 5, 46, 62, 64, 82, 84, 87, 88, 97, 98, 100–102, **113**, 115
Internationale Meteorologische Organisation (IMO) 2
interne Wechselwirkungen (des Klima-systems) → Wechselwirkung
Interpolation 14, 15, 47
Inversion 6
Isobaren 29
Isotop 22

J

Jahr ohne Sommer 64, 75
Jahresringe (von Bäumen) 20, 22
Jetstream (Strahlstrom) 30
Jüngere Dryas-(Tundren) Zeit 58, 60, 61, 69, 99

K

Kalk 23
Kältewinter, Strengwinter 75, 76
Kaltzeit (allgemein) 57, 59, 64
Kippschalter-Prozesse 108, **109**
Kleine Eiszeit 61, 62, 64, 66, **67**, 68, 102
Kleintrombe 94
Klima (allgemein, Definition) 1, 14, **17**, 18, 24, 70
Klimaänderungen (s. auch Klimawandel) 18, 20
Klimadaten 1, 2, 19
Klimaelemente 8, 9, 14, 18, 19, 21, 23, 48, 69
Klimaforschung **1–5**, 92, 110, 113
Klimaklassifikation 1
Klimamodell(e) 3, 32, **46–50**, 58, 59, 62, 64, 68, 73, 78, 83–87, 92, 95–97, 99, 100, 101, 103, 105
Klimanormalwerte 14, 70
Klimaphysik **29–45**, 46, 62
Klimapolitik 4, 87, 96, **110–116**
Klimarahmenkonvention 113
Klimaschutz 110, 115
Klimaschutzplan (Deut.) 115
Klimasensitivität **59, 84**
Klimastatistik 48
Klimasystem **24**, 25–27, 35, 37, 49
Klimawandel
- allgemein 1, 3, 14, **17, 18**, 19, 24, 31, 35, 41, 43, 50, 54, 59, 61, 68, 69, 82, 91, 95
- anthropogen 3, 5, 39, **69–88**, 95, 97–111, 113, 115, 116
- natürlich 28, 51–68

Klimazonen 1, 31, 47, 106
Klimazustand 18, 23, 60
Kohle 23, 78
Kohlendioxid 3, 10, **11**, 22, 39–41, 44, 51, 56, 57, 59, 78, **79**, 80, 82, 84, 86, 103, 105, 106, 112–115
Kohlenmonoxid 10, **11**
Kohlenstoff, -kreislauf 50, 80, **82,** 114, 115
Kondensstreifen 78
Kontinentaldrift 27, 28, 55, 56

Kontrollexperiment (bei Klimamodellen) 48, 49
Konvergenz 29, 30
Krakatau 65, 85
Krankheitserreger 107, 111
Kreide(zeit) 53, 54, 56, 67
Kryosphäre 24, 25, 27, 46
Küste 20, 68, 107, 108, 111
Kyoto-Protokoll 114

L
Landeis, Festlandeis (s. auch Eisschild) 24, 25, 60, 97
Landwirtschaft 26, 50, 64, 68, 78, 84, 102–104, 106–108, 112
La Niña 34, 85
latente Wärme (Energie) **42**, 78
Laurentidischer Eisschild 58
Lithosphäre 24, 25, 27
Luft 10, 11, 25, 29, 30, 32, 70
Luftdichte 7, 8, 29
Luftdruck 7–9, 12, 19, 29, 34, 46, 47
Luftfeuchte 8, 10, 12, 44, 47

M
Mauna Loa 78, 80
Mathematik 4
Meer → Ozean
Meereis 25, 43, 58, 97, 100, 101, 108, 109, 115
Meeresbodenverbreiterung (Seafloor Spreading) 28
Meeresspiegel(höhe) 58, 87, 88, 97, **98**, 101, 102, 107, 108, 110, 111, 115
Meeresströmung 26–28, 32, 97, 99
Mesosphäre 7, 39, 46
Messdaten, -werte 4, 12, 20, 47–49, 69, 71
Messfehler 20
Messinstrumente 1
Messnetze 2
Messstationen 2, 14, 47, 71, 80
Meteoreinschläge 56
Meteorologie 4, 10
Methan 4, 10, **11**, 22, 40, 41, 44, 59, 78, **79**, 80, 82, 112, 114
Milchstraße 51
Mindel-Kaltzeit 57
mineralogisch 23
Mittelalterliche Warmphase 61, 62, 64, **66,** 67
Modellfehler (bei Klimamodellen) 48
Monsun 109
Monte-Carlo-Simulation 49
Moränen 23

N
Naturkatastrophen → Extremereignisse
Neolithische Revolution 77
Neoklima 2, **19**, 61, **69–76**, 77–88
Neo-Warmzeit (s. auch Holozän) 57, 60, 61
Nesting (bei Klimamodellen) 47
Niederschlag 8, 9, 12, 14, 19–22, 25, 27, 32, 34, 53, 62, 69, 72, 73, 75, 87, 88, 92, 93, 96–98, 100, 101, 101, 103, 104, 106
Nordatlantikoszillation (NAO) **34**, 75
Nordatlantikstrom 32, 33, 60, 94, 108
Normalverteilung 16
Nutation 38

O
Ökologie, ökologisch 4, 50, 97, 100, 102, 103, 105, 107, 112, 113
Ökonomie, ökonomisch 4, 50, 100, 103, 105, 107, 110, 112
Orbitalparameter **37–38**, 58, 59, 60
Overturning (der ozean. Zirkulation, AMOC) 99
Ozean 3, 23–27, 29, 39, 42, 44, 46, 49, 51, 59, 69, 71, 73, 80, 82, 85, 87, 95, 97–100, 105, 112
Ozeanographie 4
Ozeanströmung → Meeresströmung
Ozon 6, 11, 40, 41, 78, 79, 81, 111

P
Paläoklima 8, 51–60, 99, 115
Paläoklimatologie 2, 17, 19, **21–23**, 99
Parametrisierung 50
Pariser Übereinkunft 114, 115
Partikel (s. auch Aerosole) 4, 10, 26, 36, 37, 39, 57, 78, 81, 85
Passat 31, 32
Pedosphäre 24, 25
Permafrost 44, 108, 112
Permokarbonisches Eiszeitalter 54
Perustrom → Humboldtstrom
Pfälzische Meteorologische Gesellschaft (Societas Meteorologica Palatina) 2
Pflanzen (s. auch Vegetation) 51
Pflanzenpollen, -spektren 23
phänologisch 20
Photosynthese 10, 44. 79, 103
Physik, physikalisch (s. auch Klimaphysik) 3, 4, 24, 46, 47, 49
Pinatubo 65, 81, 84, 85
Pleistozän 57, 58
Polarfont, -zyklone 31, 32

Polarzone 31
Pollenspektren → Pflanzenpollen
Präkaltzeit 59
Präkambrische Eiszeitalter 54
Projektion (bei Klimamodellsimulationen) 49

Q
Quartär 53, 54
Quartäres Eiszeitalter 53, 54, **57**

R
Radiodensitometrie 22
Randwertproblem 49
Regenwald → tropischer Regenwald
Regionalklima 14
Reibung, Reibungskraft 29, 30
repräsentative Konzentrationspfade (RCP) 86–88, 98
Rhône-Gletscher 102 (s. auch Buchumschlag)
Riß-Kaltzeit 57
Römerzeit-Warmphase 61, 62, 64
Rückkopplungen (im Klimasystem) **43**–45, 49, 55, 56, 59, 79, 82, 84, 86, 108
Ruß 83

S
Saffir-Simpson-Windskala 95
Salz 23
Salzwasser, Salzgehalt des Wassers (Ozean) 23, 24, 32, 99, 103, 104
Satelliten 21, 31, 37, 62
Sauerstoff 10, 11, 22, 23, 51, 103
Sauerstoff-Isotopenverhältnis 22, 23
Schelfeis **101–102**, 108
Schichtungslabilität 43
Schichtungsstabilität 43
Schnee, -bedeckung 10, 12, 19, 20, 25–27, 43, 55, 56, 98, 101
Schneeball Erde 56
Schwefeldioxid **11**, 113
Schwefelhexafluorid 114
Scientists for Future 116
Sea Floor Spreading → Meeresbodenverbreiterung
Sedimentbohrungen (s. auch Tiefseebohrungen) 2, 23
Sedimente 23, 51
Seegefrörnis 20, 76
Silur-Ordovizisches Eiszeitalter 53, 55
Societas Meteorologica Palatina → Pfälzische Meteorologische Gesellschaft
Solarkonstante 36
Sonne 51
Sonnenaktivität, -zyklen 22, **37**, 48, 63, 64, 77, 81, 82
Sonneneinstrahlung 1, 6, 7, 25, 26, 30, 35–37, 39, 40, 43
Sonnenfackeln 37
Sonnenflecken 37, 63
Sonnenscheindauer 19
Soziologie, soziologisch, sozial 4, 97, 108
Spurengase (allg.) 2, 10, 26, 39, 41, 50, 59, 78, 79, 81, 82, 85, 114
Stadtklima 78, 106
städtische Wärmeinsel 78, 107
Standardabweichung 16, 17
Starkniederschläge 10, 50, 66, 75, 89, 92–94, 96, 111
Statistik (mathematische) 14, 16, 71
statistische Klimamodelle 47
Stickoxide 10, **11**, 81
Stickstoff 10, **11**, 51
Stoffflussmodell 50
Strahlung **35**, 36, 39, 41, 42
Strahlungsantrieb **35**–37, 42, 48, 49, 58, 59, 64, 78, 80, **81**, 83–86, 115
Strahlungsbilanz 36, 42
Strahlungsprozesse 1, 3, 6, 26, 35, 36, 39, 42, 77, 112, 113
Stratosphäre **6–7**, 11, 12, 39, 46, 47, 57, 83, 86, 95, 111, 113
Sturm 50, 66, 88, 90, **94**, 95, 97
Sturmflut 66, 108, 111
Subduktion 28
subskalig 15
Südliche Oszillation 34
Süßwasser 24, 60, 99
Sulfat, Schwefelsäure 12, 39, 113
Szenarien 49, 86, **87,** 88, 105, 114

T
Taifun **94**, 95, 107
Tambora 64, 65, 75
tektonische Platten 28
Temperatur 2, 6, **8**, 9, 10, 12, 14, 16–22, 26, 27, 34–36, 41–43, 47, 51–53, 55, 57–59, 61, 63, 67–75, 82–88, 90–93, 95, 97, 98, 103, 104, 114–115
thermohaline Zirkulation (des Ozeans) 32, 60
Thermosphäre 7
Tertiär 53, 54, 56, 68
Tiefdruckgebiet 12, 26, 29–32, 34, 35, 94, 95

Tiefsee 2
Tiefseebohrungen 23
Tornado 10, 12, 89, **94**, 95
Tourismus 105, 107
Treibhauseffekt
- anthropogener 10, 42, 44, 47, 48, 78, 79, 81, **82**, 84, 86, 100, 109, 112
- natürlicher 10, **42**, 44, 49, 51, 56, 78, 79, 82
Treibhauspotential 82
Trend (von Klimaelementen) 69, 70, 71, 92, 96
Trockensommer 75, 92, **94**, 95, 96, 107
Tropen 31, 32, 56, 87, 102
tropischer Regenwald 77, 108
tropischer Wirbelsturm 10, 66, **94**, 95, 96, 107
Tropopause 6, 35, 53
Troposphäre 6, 12, 30, 31, 35, 43, 46, 57, 78, 95
Tsunami 89, 90, 107

U
Überschwemmungen (s. auch Hochwasser) 89, 90, 107
Ultraviolettes Licht, -Strahlung (UV) 6, 39
Umweltkonferenz der UN (UNCED) 114
Universum 51
Urknall 51

V
Varianz **16**, 48
Vegetation 20, 21, 23–25, 39, 44–46, 49, 50, 58, 79, 80, 103, 112
Vegetationszeit 103
Verdunstung 23, 27, 42, 44, 78, 82, 95, 103, 106
Verkehr 78, 81, 112
Versauerung (der Ozeane) 105
Vertragsstaatenkonferenz (Conference of Parties, COP) 114
Völkerwanderung-Kaltphase 61, 62, 64, 66
Vulkanismus, Vulkanausbrüche 22, 26, 28, 35, 38, 47, 48, 56, 57, 63–**65**, 77, 81, 82, 86, 89, 90, 115

W
Waal-Warmzeit 57
Wahrscheinlichkeitsdichtefunktion (Probability Density Function, PDF) **16**, 90, 91
Wald 79, 82, 109, 111, 112
Waldbrände 89, 90, 93, 104, 106, 111
Waldrodungen 77, 78, 102
Wärmeflüsse 36, 42
Wärmekapazität **25**, 26, 29, 43
Warmklima → akryogenes Warmklima
Wärmeleitung 7, 29, 42
Warmzeit (allg.) 57, 59, 64
Wasser 8, 20, 23, 24, 26, 42, 51, 98, 100, 102, 103
Wasserdampf 8, 10, 30, 31, 40-42, 44, 51, 66, 82, 85
Wasserkreislauf 27, 73
Wasserversorgung 106, 107
Wechselwirkung (im Klimasystem, intern) 26, 29, 34, 35, 64, 77, 97
Weinanbau 20, 64, 66, 68, 104, 105
Weltklimakonferenz 113, 114
Weltklimaprogramm 4
Weltklimaforschungsprogramm 5
Weltmeteorologische Organisation (WMO) 2, 4, 14, 17, 85, 113
Weltniederschlagszentrum 20
Weltprimärenergie 79
Wetter 1, **12**, 14, 17, 32, 48, 58
Wetterdienste 2
Wetterelemente 12, 14
Wetterrekorde 9, 10, **11**, 90
Wettervorhersage 3, 12, 46–48
Willy-Willy **94**, 95
Wind 9, 10, 19, 23, 26, 32, 34, 94, 97
Wirbelstürme → tropische Wirbelstürme
Wirtschaft 97, 105
Witterung **12**, 17, 75
Witterungsregelfälle (Singularitäten) 12
Witterungstagebücher 1, 12, 20
Wolken, Bewölkung 9, 12, 27, 30, 32, 35, 43, 44, 50, 66, 82, 85, 113
Würm-Kaltzeit 57, 59, 60, 61, 67, 99
Wüste 24, 32

Z
Zementproduktion 80, 87, 112
Zirkulation
- allgemein 26, 28
- der Atmosphäre 29–32, 35, 64
- des Ozeans 32, 33, 64, 99
Zirkulationsmodell (s. auch Klimamodelle) 29, 32
Zykluszeit 26–28

Josef Klostermann:
Das Klima im Eiszeitalter
2009. 2. Auflage, XII, 260 Seiten, 98 Abbildungen, 7 Tabellen, 21 x 15 cm
ISBN 978-3-510-65248-8, brosch., 29.90 €
www.schweizerbart.de/9783510652488

Franziska Tanneberger & Wendelin Wichtmann (eds.)
Carbon credits from peatland rewetting
Climate – biodiversity – land use
Science, policy, implementation and recommendations of a pilot project in Belarus
2011. XII, 223 pp., 100 coloured figs., 41 tables, 30 info boxes, 28 x 21 cm
ISBN 978-3-510-65271-6 hardcover € 39.80
www.schweizerbart.com/9783510652716

Global Change
Challenges for Soil Management
Ed.: Miodrag Zlatic
2010. 363 pages, 118 fig., 61 tab., 24 × 17 cm
(Advances in Geoecology, Volume 41)
ISBN 978-3-510-65379-9, bound, 139.00 €
www.schweizerbart.de/9783510653799

Miroslav Kutilek; Donald R. Nielsen:
Facts about Global Warming
Rational or Emotional Issue?
2010. 227 pages, 34 fig., 4 tab., 24 × 17 cm
(Essays in GeoEcology)
ISBN 978-3-510-65391-1, paperback, 45.00 €
www.schweizerbart.de/9783510653911

Schweizerbart Science Publishers
Borntraeger Science Publishers

order@schweizerbart.de www.schweizerbart.com

Wolfgang Weischet; Wilfried Endlicher:
Einführung in die Allgemeine Klimatologie
2018. 9. überarbeitete Auflage. 369 Seiten,
109 Abbildungen, 13 Tabellen, 1 Tafel, 21 x 14 cm
(Studienbücher der Geographie)
ISBN 978-3-443-07155-4, brosch., 29.00 €
www.borntraeger-cramer.de/9783443071554

Wolfgang Weischet:
Regionale Klimatologie Teil 1
Die Neue Welt: Amerika – Neuseeland – Australien
1996. 468 Seiten, 45 Abbildungen, 38 Tabellen, 7 Karten,
23 x 17 cm
(Studienbücher der Geographie)
ISBN 978-3-443-07107-3 gebunden 39.80 €
www.borntraeger-cramer.de/9783443071073

Wolfgang Weischet; Wilfried Endlicher:
Regionale Klimatologie Teil 2
Die Alte Welt: Europa – Afrika – Asien
2000. 625 Seiten, 118 Abbildungen, 24 Tabellen, 9 Karten,
23 x 17 cm
(Studienbücher der Geographie)
ISBN 978-3-443-07119-6 gebunden 66.00 €
www.borntraeger-cramer.de/9783443071196

Jörg Bendix:
Geländeklimatologie
2004. 1. Auflage, 282 Seiten, 127 Abbildungen, 15 Tabellen,
21 x 14 cm
(Studienbücher der Geographie)
ISBN 978-3-443-07139-4, brosch., 28.00 €
www.borntraeger-cramer.de/9783443071394

order@schweizerbart.de www.schweizerbart.com